U0686073

Photoshop
数码影像处理
核 心 技 法

唐楷 编著

人 民 邮 电 出 版 社

北 京

图书在版编目（CIP）数据

Photoshop 数码影像处理核心技法 / 唐楷编著.
北京 ： 人民邮电出版社，2025. -- ISBN 978-7-115
-65930-9

Ⅰ．TP391.413

中国国家版本馆 CIP 数据核字第 2024JT4228 号

内 容 提 要

本书围绕数码摄影后期处理展开，系统介绍了 Adobe Camera Raw 和 Photoshop 后期修图的核心知识与实用技巧。全书共 14 章，内容涵盖从基础入门到进阶创作的全流程：开篇讲解照片格式与 Adobe Camera Raw 的基础操作，深入剖析直方图原理；继而展开 ACR 全方位修图技巧与 Photoshop 界面功能详解，着重介绍图层、选区、蒙版、通道四大后期基石的应用；然后通过调色实战、进阶技法、裁剪修复、锐化优化等章节，助力读者提升照片表现力；最后分享数码后期高级思路与经验，完善知识体系。

本书内容由浅入深，按一页一个知识点的方式编排，让读者的学习变得更轻松、更有节奏感。本书适合广大摄影后期爱好者参考阅读，可以帮助他们顺利展开精彩万分的摄影后期创作之旅，对于想要精进自身修片技法的专业修图师，本书也有一定的参考价值。

◆ 编　著　唐　楷
　　责任编辑　胡　岩
　　责任印制　周昇亮

◆ 人民邮电出版社出版发行　　北京市丰台区成寿寺路 11 号
　　邮编　100164　电子邮件　315@ptpress.com.cn
　　网址　https://www.ptpress.com.cn
　　北京九天鸿程印刷有限责任公司印刷

◆ 开本：880×1230　1/32
　　印张：7.5　　　　　　　　　2025 年 7 月第 1 版
　　字数：231 千字　　　　　　 2025 年 7 月北京第 1 次印刷

定价：59.80 元

读者服务热线：**(010)81055296**　印装质量热线：**(010)81055316**
反盗版热线：**(010)81055315**

前言

　　大部分数码摄影后期初学者遇到的困难主要是在后期处理软件的学习上。要想真正掌握摄影后期处理技术，不能只专注于后期处理软件的操作，而是应该先掌握一定的后期处理理论知识。举一个简单的例子，要学习后期调色，如果先掌握了基本的色彩知识及混色原理，那么后面的学习就很简单了，只需几分钟就能够掌握调色的操作技巧，并牢牢记住。

　　这说明学习摄影后期处理，不仅要知其然，还要知其所以然，才能真正实现摄影后期处理的入门和提高！

　　为了让读者真正全方位掌握摄影后期处理的知识，本书注重摄影与后期处理的原理讲解，并结合实际案例照片进行练习，可帮助读者真正全方位掌握摄影后期处理的知识与技能。

　　读者在学习本书的过程中如果遇到疑难问题，可以与编者（微信号：381153438）联系，编者会邀您加入本书读者群，与其他读者一起学习和交流。读者还可以关注微信公众号"千知摄影"（微信号：shenduxingshe），了解一些有关摄影基础、摄影美学、摄影后期和行摄采风的精彩内容。

目录

第 5 章　Photoshop 重点工具的使用技巧 103

第 1 章
照片格式与 Adobe Camera Raw 入门

本章将介绍数码照片的常见格式，以及使用 Adobe Camera Raw（简称"ACR"）对照片进行初步调整的基础知识。

JPEG，兼具显示与存储优势的格式

　　JPEG 是摄影师最常用的照片格式，扩展名为 .jpg（可以在计算机内设置扩展名以大写或小写字母显示，下图所示为小写字母 .jpg）。JPEG 格式的照片在高压缩性能和高显示品质之间找到了平衡，即 JPEG 格式的照片可以在占用较小存储空间的同时，具备较好的显示画质。除此之外，JPEG 是普及性和用户认知度都非常高的一种照片格式，计算机、手机等设备自带的读图软件都可以顺利读取和显示这种格式照片。对摄影师来说，工作中大多都要与这种照片格式打交道。

　　对大部分摄影爱好者来说，无论最初拍摄了 RAW、TIFF、DNG 中的哪种格式，还是曾经将照片保存为了 PSD 格式，最终在网络上分享时，往往还是要转为 JPEG 格式来呈现。

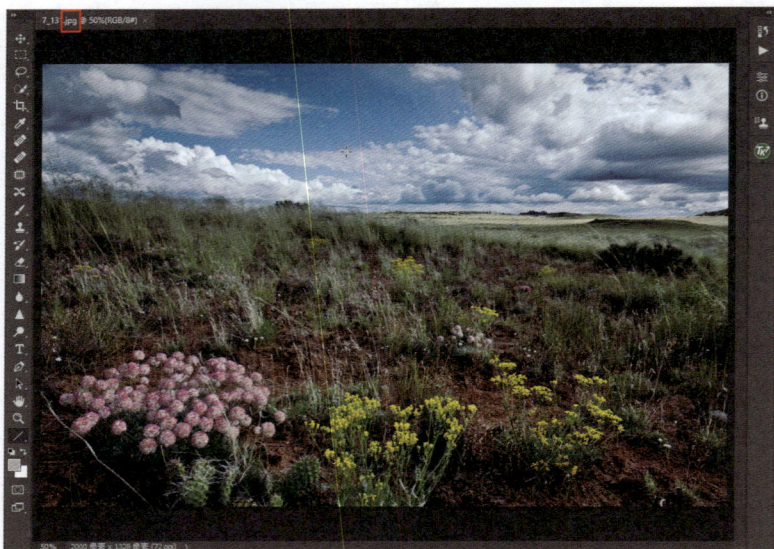

RAW，原始数据未经压缩的格式

　　从摄影的角度来看，RAW 格式与 JPEG 格式是绝佳的搭配。RAW 是数码单反相机常用的格式，是相机的感光元件 CMOS 或 CCD 图像感应器将捕捉到的光源信号转化为数字信号的原始数据。RAW 文件记录了数码相机传感器的原始信息，同时记录了相机拍摄产生的一些原始数据（如 ISO 的设置、快门速度、光圈值、白平衡等），RAW 是未经处理也未经压缩的格式，可以把 RAW 概念化为"原始图像编码数据"，或者更形象地称其为"数字底片"。不同品牌的相机，其 RAW 格式文件的后缀名不同，例如佳能是 .CR2 和 .CR3、索尼是 .ARW、尼康是 .NEF，等等。

　　因为 RAW 格式保留了摄影师创作时的所有原始数据，没有经过优化或压缩而产生细节损失，所以特别适合作为后期处理的底稿使用。

　　这样，相机拍摄的 RAW 格式的文件用于进行后期处理，最终转换为 JPEG 格式的照片用于在计算机上查看和在网络上分享，所以说这两种格式是绝配！

　　提示：使用单反相机拍摄的 RAW 格式的文件是加密的，有自己独特的算法。相机厂商在推出新机型的一段时间内，作为第三方的 Adobe 公司（开发 Photoshop 与 Lightroom 等软件的公司）尚未破解新机型的 RAW 格式的文件，是无法使用 Photoshop 或 Lightroom 读取的。只有在一段时间之后，Adobe 公司破解该新机型的 RAW 格式的文件后，才能使用旗下的 Photoshop 或 Lightroom 软件进行处理。

RAW的优势（1）：保留原始数据

本节介绍 RAW 格式文件与 JPEG 格式文件的区别，以及 RAW 格式文件的优势。

首先打开一个 RAW 格式的文件。打开 Photoshop 软件，在文件夹中找到想要打开的 RAW 格式的文件，按住鼠标拖动该照片，将其拖入 Photoshop，文件会自动在 Adobe Camera Raw 中打开。

RAW 格式的文件能够记录拍摄时的相机数据、镜头数据和白平衡数据等信息，它是数据文件包；而 JPEG 格式的文件是已经进行过压缩和处理的图像文件。由于 RAW 格式的文件保存了更多的原始数据，在后期对其进行处理时具有更高的灵活性，可以反复修改，包括调整白平衡模式等；而 JPEG 格式的文件在拍摄时已经进行了处理和压缩，因此修改余地较小。

此时已经打开了一个 RAW 格式的文件。在 ACR 中单击"颜色"面板，可以看到"白平衡"等众多选项。展开"白平衡"下拉列表，可以看到许多白平衡模式。后期在 ACR 中选择白平衡模式与前期拍摄时直接设置白平衡模式是完全相同的，这也是 RAW 格式文件的一大优势。而打开 JPEG 格式的文件后是没有这些可修改的选项的。

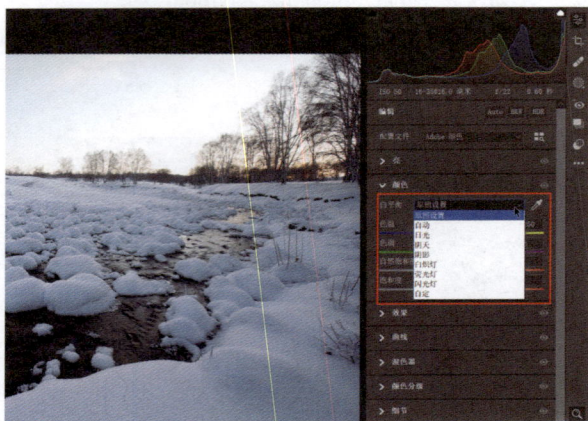

RAW的优势（2）：更高的位深度

与 JPEG 格式的文件相比，RAW 格式的文件一个显著优势在于其具有更高的位深度。当使用相机拍摄 RAW 格式的文件时，人们通常会选择 12 位或 16 位的位深度，这种较大的位深度可以确保在后续进行亮度和色彩调整时，画面不会出现明显的画质损失，不会出现明暗过渡不平滑、画面有波纹或断层等问题。

在 ACR 界面中打开 JPEG 格式文件，单击"亮"面板，将"曝光"和"高光"的值降低，并提高"对比度"的值。此时放大照片，可以清楚地看到天空从亮到暗的过渡区域出现了明显的断层。这种现象是一种严重的失真，是由于 JPEG 格式照片的位深度不足导致的。

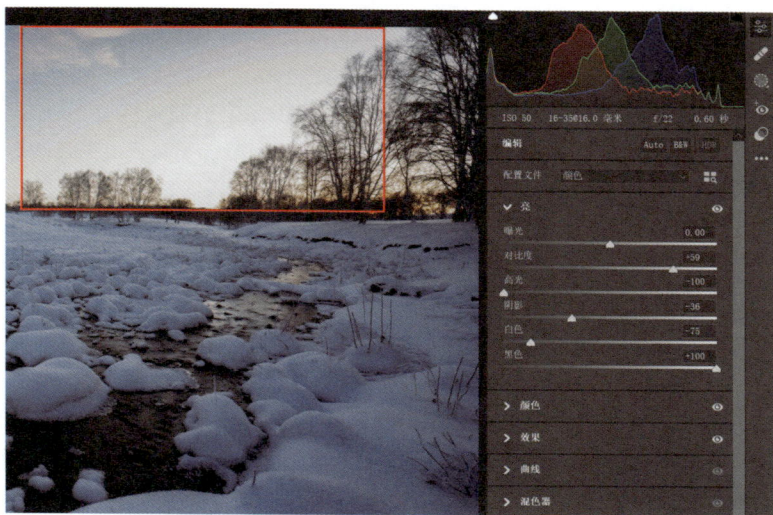

位深度高低的差别

在下图中有三个色条。第一个色条呈现黑白两极的变化。第二个色条由黑、灰、白等不同灰度级别组成，共有 5 个级别的变化。第三个色条从黑到白渐变，虽然肉眼上看不出明显变化，但实际上它包含 256 个级别的变化。通过观察这三个色条，可以得出以下结论：如果变化较少，从黑到白的过渡就会显得不够平滑，256 级变化能确保从黑到白的过渡具有较好的平滑性。

为什么是 256 级呢？这与计算机对数据的存储和计算方式有关。计算机以二进制位数来存储数据，而一个 8 位的二进制数能够表示的数据变化数量就是 2^8 即 256 种变化，这也正是 256 级明暗变化的由来。

人们将纯黑定义为 0，将纯白定义为 255，共计 256 级。其中，8 位被称为照片的位深度。若希望照片呈现出更加丰富、细腻的变化，那么较大的位深度无疑是更好的选择。RAW 格式的文件往往拥有更大的位深度，比如 12 位、14 位或 16 位等。一张 16 位位深度的照片拥有 2^{16} 即超过 6 万种变化，与 256 相比差距非常巨大，这可以确保照片具备更加细腻的画质，并拥有更大的后期处理空间。

XMP，记录修图过程的格式

如果利用 ACR 对 RAW 格式的文件进行过处理，那么在文件夹中会出现一个同名的文件，但文件扩展名是 .xmp。其实，XMP 是一种操作记录文件，记录了人们对 RAW 格式照片的各种修改操作和参数设定，是一种经过加密的文件格式。正常情况下，该文件相对较小。但如果删除该文件，那么之前对 RAW 格式文件所进行的处理和操作就会消失。

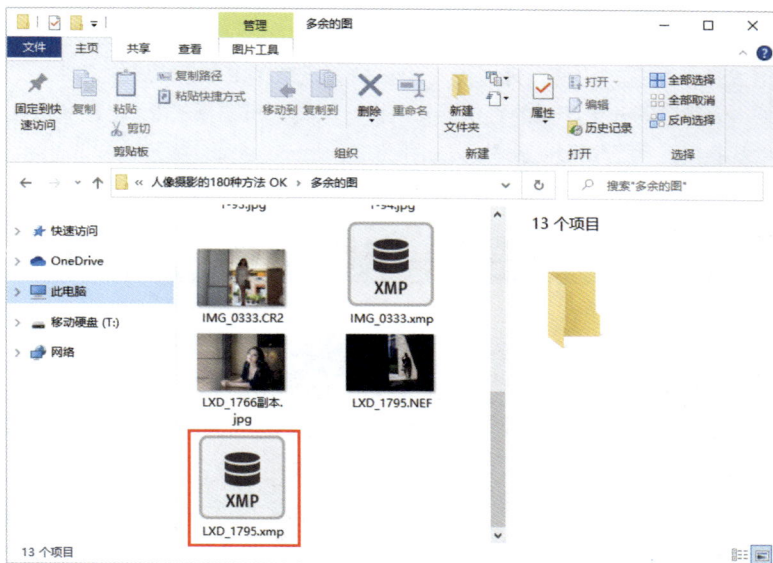

DNG，Adobe推出的RAW文件格式

　　如果理解了 RAW 格式，那么就很容易弄明白 DNG 格式。DNG 是 Adobe 公司开发的一种开源的 RAW 格式的文件。Adobe 公司开发 DNG 格式的初衷是希望破除日系相机厂商在 RAW 格式文件方面的技术壁垒，建立统一的 RAW 格式文件标准，不再有细分的 CR2、NEF 等格式。虽然有哈苏、莱卡及理光等厂商的支持，但佳能及尼康等主流相机厂商并不买账，所以 DNG 格式并没有实现其开发的初衷。

　　当前，Adobe 公司的软件在内部会默认将 RAW 格式文件转为 DNG 格式进行处理，这样处理速度可能要快于一般的 RAW 格式的文件。另外，大疆公司作为新兴的影像器材厂商，其无人机拍摄的 RAW 格式的文件就直接使用了 Adobe 公司的 DNG 格式。

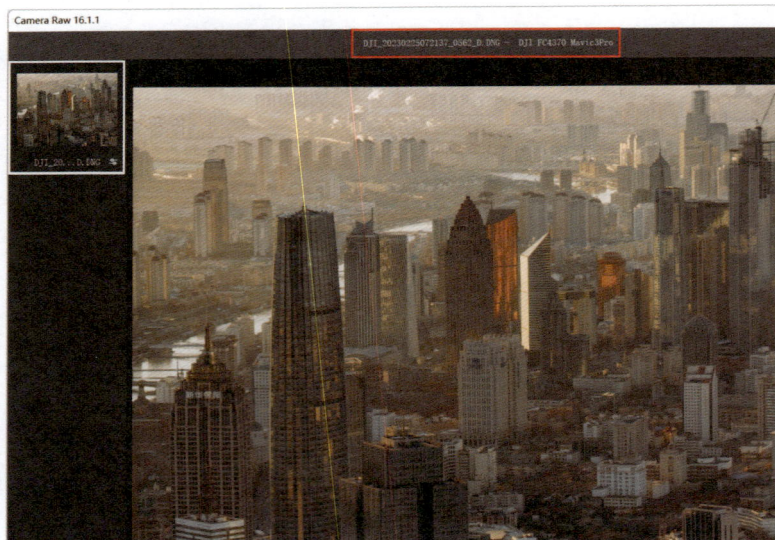

PSD，工程文件格式

　　PSD 是 Photoshop 图像处理软件的专用文件格式，文件扩展名是 .psd，是一种无压缩的原始文件保存格式，也可以称之为 Photoshop 的工程文件格式（在计算机中双击 PSD 格式文件，会自动启动 Photoshop 进行读取）。由于可以记录所有之前处理过的原始信息和操作步骤，因此对于尚未制作完成的图像，选用 PSD 格式保存是最佳的选择。保存为 PSD 格式的文件再次打开时，之前编辑的图层、滤镜、调整图层等处理信息还存在，可以继续修改或者编辑。

　　正是因为保存了所有的文件操作信息，PSD 格式的文件往往非常大，并且通用性较差，只能使用 Photoshop 读取和编辑。

TIFF，印刷通用格式

　　从对照片编辑信息保存的完整程度来看，TIFF（Tag Image File Format）与 PSD 格式很像。TIFF 格式是由 Aldus 和 Microsoft 公司为印刷出版开发的一种较为通用的图像文件格式，扩展名为 .tif。TIFF 是现存图像文件格式中较为复杂的一种，能够在多种计算机软件中进行图像运行和编辑。

　　当前几乎所有专业的照片输出，比如印刷作品集等大多采用 TIFF 格式。TIFF 格式存储后文件会变得很大，但却可以完整地保存照片信息。从摄影师的角度来看，TIFF 格式大致有两个用途：如果要在确保照片有较高通用性的前提下保留图层信息，那么可以将照片保存为 TIFF 格式；如果照片有印刷需求，可以考虑保存为 TIFF 格式。更多时候，人们使用 TIFF 格式主要是看中其可以保留照片处理的图层信息。

　　PSD 格式的文件是工作用文件，而 TIFF 格式的文件更像是工作完成后输出的文件。在实际工作中，通常会将最终完成的 PSD 格式文件输出为 TIFF 格式，确保文件在保存大量图层及编辑操作信息的前提下，能够有较强的通用性。

GIF，显示简单动画效果的格式

　　GIF 格式可以存储多幅彩色图像。如果把存于一个文件中的多幅图像数据逐幅读出并显示到屏幕上，就可以构成简单的动画效果。当然，CIF 格式文件也可能呈现为静态画面。

　　GIF 格式自 1987 年由 CompuServe 公司引入后，因其体积小、成像相对清晰，特别适合早期传输速度较慢的互联网，因而大受欢迎。当前很多网站首页的一些配图就是 GIF 格式的。将 GIF 格式的图像载入 Photoshop，可以看到它是由多个图层组成的。

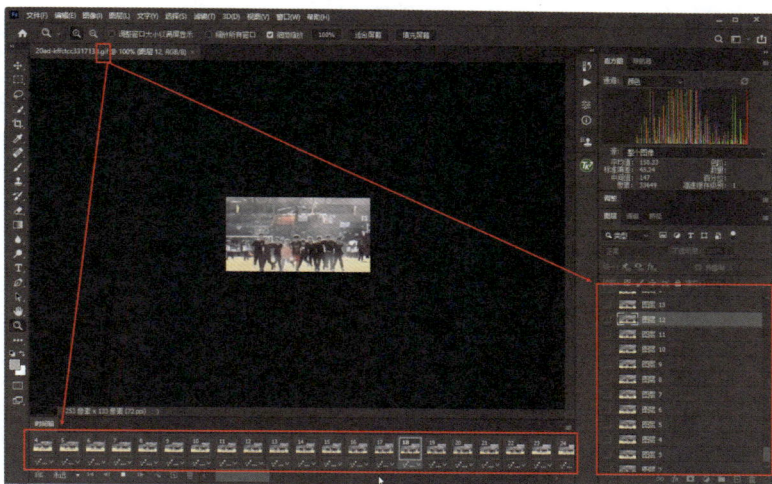

PNG，无背景格式

相对来说，PNG（Portable Network Graphic Format）是一种较新的图像文件格式，人们设计它的目的是试图替代 GIF 和 TIFF 文件格式，同时增加一些 GIF 文件格式所不具备的特性。

PNG 格式最大的用途在于其能很好地保存并支持透明背景效果。抠出主体景物或文字，删掉背景图层，然后将照片保存为 PNG 格式，再将 PNG 格式的照片插入 Word 文档、PPT 文档或嵌入网页，能使其无痕地融入背景。

ACR的界面布局与功能

如果同时选中多张 RAW 格式的照片，并将它们拖入 Photoshop 软件，那么所有被拖入的 RAW 格式的照片都会同时在 ACR 中打开。下面来看 ACR 的界面布局。

① 标题栏：其中显示了软件的名称和版本号。② 照片标题区：显示照片的标题、格式及相机型号。③ 照片显示区：用来放大显示照片，方便观察和进行后续的调整。④ 胶片窗格：显示打开的所有照片的缩略图，单击某个缩略图，就可以选中该照片，并对其进行全方位的处理。⑤ 直方图：对应着照片的明暗状态，后续将详细介绍。⑥ 界面导航：单击不同的图标会切换到不同的功能界面，对照片进行全方位的调整。⑦ 功能调整区：对照片的所有调整几乎都是在这里进行的。⑧ 视图显示操作区，用于放大 / 缩小视图，改变视图显示区域，显示取样点信息，显示网格线等操作。⑨ 照片显示设置与管理区：用于设置照片的显示大小、比例，以及修图前后的视图等；此外，还可以对照片进行基本的管理和筛选操作，例如设置星级筛选等。⑩ 照片流程选项设定区域：单击该超链接可以打开相机首选项设定界面，对 ACR 进行全方位的功能设定。⑪ 常用按钮区：包含打开、取消、完成等不同的按钮。⑫ 存储按钮和照片首选项设定按钮。

在ACR中打开RAW格式的照片

如果要在 ACR 中打开 RAW 格式的照片，可以在计算机的文件夹中直接选中 RAW 格式的照片，按住鼠标左键将其拖入 Photoshop。这样就可以自动在 ACR 当中打开 RAW 格式的照片。

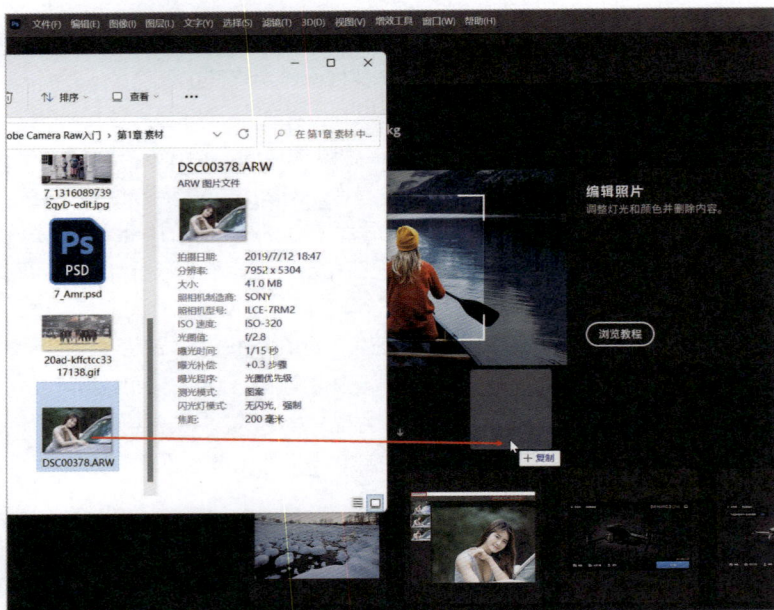

在ACR中打开单张JPEG等格式的照片

如果要在 ACR 中打开 JPEG、TIFF 等格式的照片，可以先打开 Photoshop，单击"文件"菜单，然后选择"打开为"。在"打开"对话框中找到照片所在的文件夹，单击选中照片，在右下角的格式下拉列表中选择"Camera Raw"，最后单击"打开"按钮。这样就能在 ACR 中打开该照片并使用 ACR 的全部功能。

使用Camera Raw滤镜

如果已经在 Photoshop 中打开了一张 JPEG 格式的照片，想再在 ACR 中打开照片，可以单击"滤镜"菜单，然后选择"Camera Raw 滤镜"，同样可以将该照片加载到 ACR 中进行编辑。需要注意的是，使用这种方式打开的 ACR 会有一些功能上的限制，例如无法进行裁剪等操作，但大部分功能仍然可以使用。

除此之外，大家还可以使用快捷键直接从像素图层进入 ACR。具体操作是，在 Photoshop 中，保持英文输入法状态，按"Shift + Ctrl + A"组合键，也可以直接进入 ACR。

通过这两种方法，可以在 ACR 和 Photoshop 之间灵活切换，实现无缝衔接，以达到更好的修图效果。

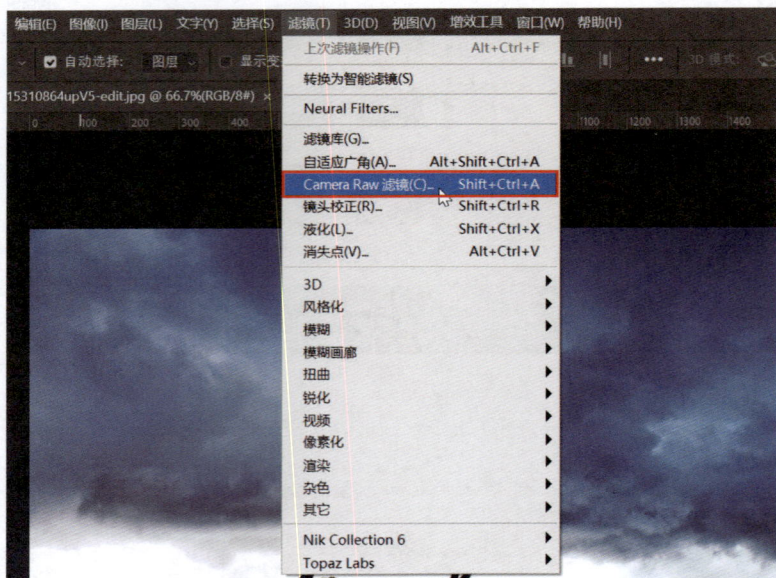

在ACR中打开多张JPEG格式的照片

如果以后会频繁使用 ACR 处理 JPEG 格式的照片，可以在 Photoshop 中单击"编辑"菜单，然后选择"首选项"—"Camera Raw"。这样就能打开"Camera Raw 首选项"界面。切换到"文件处理"选项卡，在下方的"JPEG 和 TIFF 处理"选项组中，打开"JPEG"下拉列表，选择"自动打开所有受支持的 JPEG"选项。最后，单击"确定"按钮即可完成设置。

这样，以后将 JPEG 格式的照片拖入 Photoshop 后，都会自动载入 ACR。

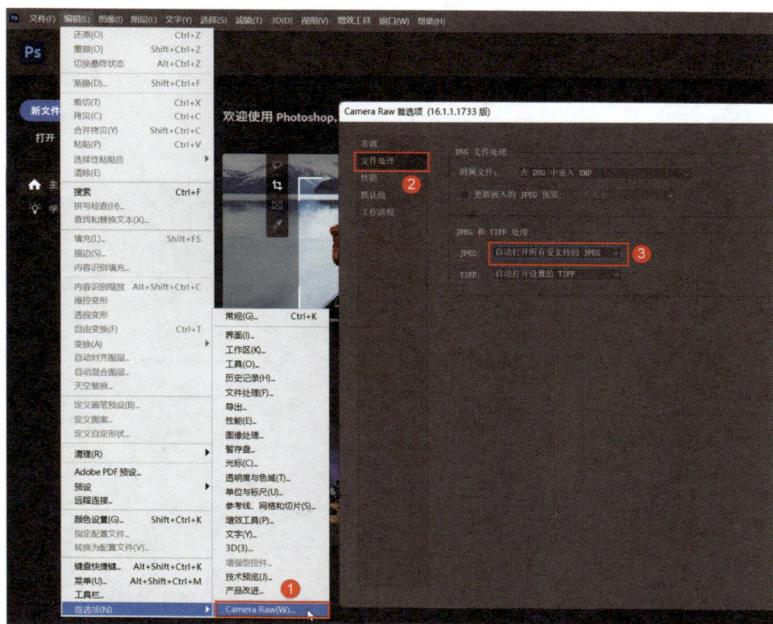

ACR批处理照片：使用同步设置

下面介绍如何使用 ACR 来对照片进行批处理，以提高后期处理效率。

首先在 ACR 中对一张照片进行处理，之后在左侧胶片窗格单击鼠标右键，选择"全选"命令，然后在已处理的照片上再次单击鼠标右键，在弹出的快捷菜单中选择"同步设置"命令。这时会打开"同步"设置对话框。通常情况下，需要保持所有选项的默认状态，直接单击"确定"按钮即可。但需要注意的是，如果对照片进行了"几何校正""裁剪""修复"或"蒙版"等处理，那么必须确保这些处理在所有照片上的同一个位置。如果位置不同，那么就不应该勾选这些选项；如果这些处理在同一个位置，那么就可以勾选这些未选中的选项。

之后，直接单击"确定"按钮，就可以对照片进行批处理，处理完毕后保存即可。

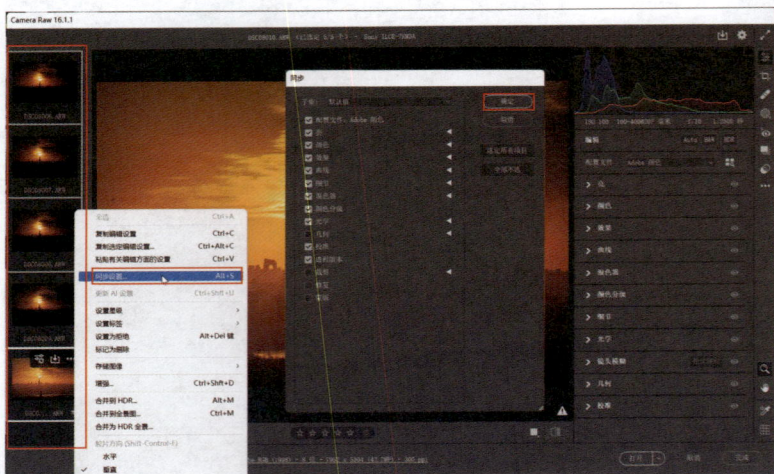

ACR批处理照片：直接处理所有照片

　　下面介绍一种比较简单的对照片进行批处理的方法。只需在对照片进行处理之前，在工作区左侧的胶片窗格中选择所有照片，然后在工作区右侧面板区域调整各种参数，就可以同时对所有照片进行处理。

ACR批处理照片：借助XMP文件完成批处理

下面介绍一种比较特殊的批量处理照片的方法。

在对某一张 RAW 格式的照片进行过处理并保存后，会生成一个 .XMP 文件，用户对 RAW 格式的照片所做的所有处理都会被记录到 XMP 文件中。后续打开照片后，可以再次调用之前的 XMP 文件，就能完成与之前照片同样的处理。如果对大量照片调用之前的 XMP 文件，那便是批处理了。

具体操作：首先在左侧的胶片窗格中全选所有照片，然后在右侧打开折叠菜单，选择"载入设置"命令，之后在打开的对话框中选中要使用的 XMP 文件，然后单击"打开"按钮，即可为照片应用之前的设置。

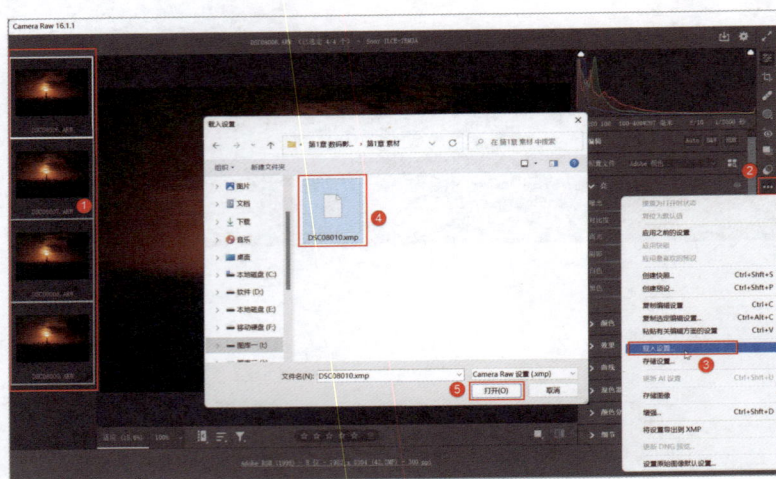

在ACR与Photoshop间来回穿梭

前面已经介绍过，在 Photoshop 中打开照片后，可以通过"滤镜"菜单中的"Camera Raw 滤镜"命令进入 ACR，或者是按"Shift + Ctrl + A"组合键进入 ACR。在 ACR 中处理照片之后，单击"确定"按钮就可以返回 Photoshop。

下面来看另外一种在 Photoshop 和 ACR 之间来回切换修片的方法。

在 ACR 中对照片进行处理后，在进入 Photoshop 时，按住"Shift"键，此时右下角的"打开"按钮变成了"打开对象"。单击"打开对象"按钮，之后照片会以智能对象的形式在 Photoshop 中打开，在"图层"面板中，照片图标右下角会出现智能对象标记。如果要再次返回 ACR，只要用鼠标双击照片图标即可。

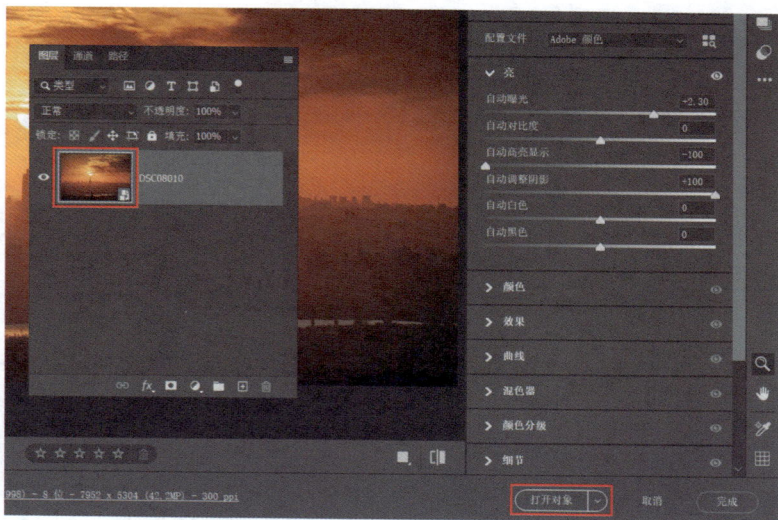

第 2 章

数码后期的参考：直方图构成原理

　　在对照片进行后期处理时，仅靠人眼观察很难将照片调整到合适的明暗程度，因为每个人的显示设备会有差别，所以往往需要借助软件提供的直方图来辅助判断照片的明暗状态。本章介绍数码摄影后期修图一项重要的参照功能——直方图的构成原理及使用方法。

记住一个关键数字256

先来看一个问题：01011001、11001001、10101010……这些 8 位的二进制数字一共可以排列出多少个值？其实非常简单，一共有 2^8 共 256 种组合方式，即可以组合出 256 个值。计算机使用的是二进制，如果某种软件是 8 位的位深度，那么就能呈现 256 种具体的运算结果。Photoshop 在呈现图像时，默认使用 8 位的位深度，因此能呈现 256 种数据结果。

在用这 256 种数据结果表现照片的明暗时，纯黑用 0 表示，纯白用 255 表示，即有 0 ～ 255 共 256 种明暗。

在软件内很多具体的功能设定中，都有 0 ～ 255 的色条，很容易辨识。其中，左侧深灰色滑块对应的是 0，也就是纯黑；白色滑块对应的是 255，也就是纯白。

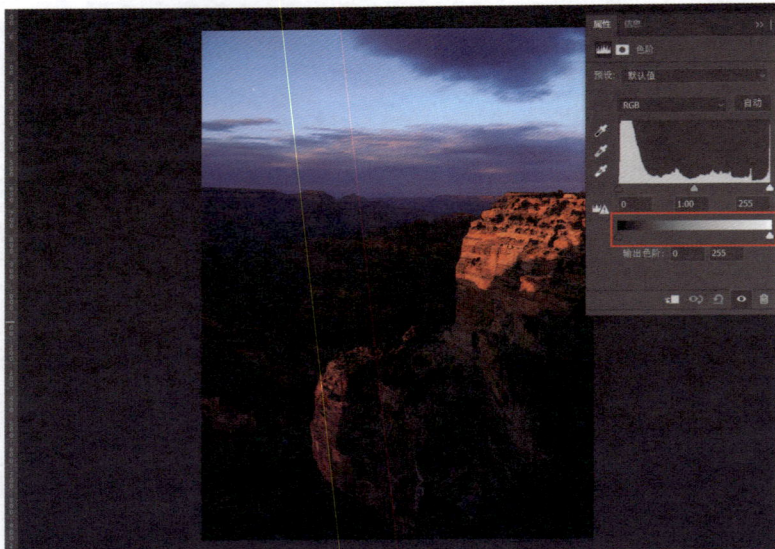

直方图的构成原理

在后期处理软件中，直方图是指导用户调整照片明暗的一个重要标准。在 Photoshop 或 ACR 的主界面中，界面右上角都会有一个直方图，它是非常重要的衡量标尺。一般来说，调整照片明暗时，需要随时观察调整之后照片的明暗状态。不同显示器的明暗显示状态也不同，如果只靠肉眼观察，可能无法非常客观地描述照片的高光与暗部的影调分布状态，但借助直方图，再结合肉眼的观察，就能够实现更为准确的明暗调整。下面来看直方图的构成原理。

在 Photoshop 中打开一张包含黑色、深灰、中间灰、浅灰和白色的照片，在界面右上方出现了直方图，但是直方图并不是连续的波形，而是一条条的竖线。根据它们之间的对应关系，直方图从左向右对应了像素不同的亮度，最左侧对应的是纯黑，最右侧对应的是纯白，中间对应的是深浅不一的灰色。因为由黑到白的过渡并不是平滑过渡的，所以表现在直方图中也是一条条孤立的竖线。直方图从左到右对应的是照片从纯黑到纯白不同亮度的像素，不同线条的高度则对应的是不同亮度像素的多少，纯黑的像素和纯白的像素非常少，它们对应的竖条高度也比较矮，而中间的灰色像素比较多，其对应的竖条高度也比较高，由此我们可以更清晰地理解直方图与像素的对应关系。

对一张照片来说，其直方图从左向右的形状反映了由暗到亮的变化。

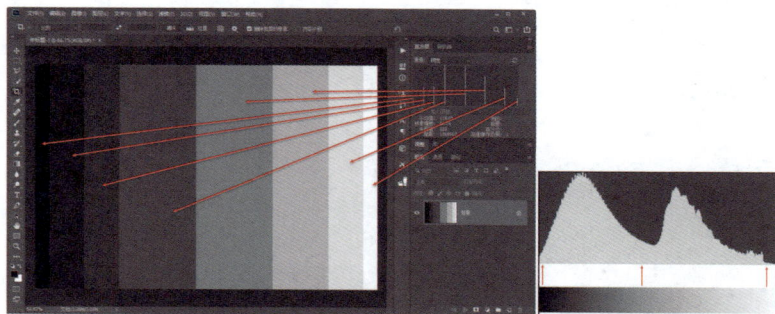

对纯白与纯黑的控制

对照片来说，其直方图从左向右的过渡平滑，对应的是照片从暗到亮丰富的层次和细节。需要注意的是，当像素呈现为纯白或纯黑时，均无法展现任何细节信息。

如果照片有高光溢出和暗部死黑的问题，在 ACR 中，直方图左上角和右上角的三角标会变白色。

在 Photoshop 的直方图中，如果左右两边线都出现了竖线，表示有高光溢出变为纯白的像素，有暗部变为纯黑的像素，这都会导致照片层次细节的损失。无论高光"死白"还是暗部"死黑"，大部分情况下都是不合理的，需要借助后期调整来恢复最亮和最暗部分的细节。

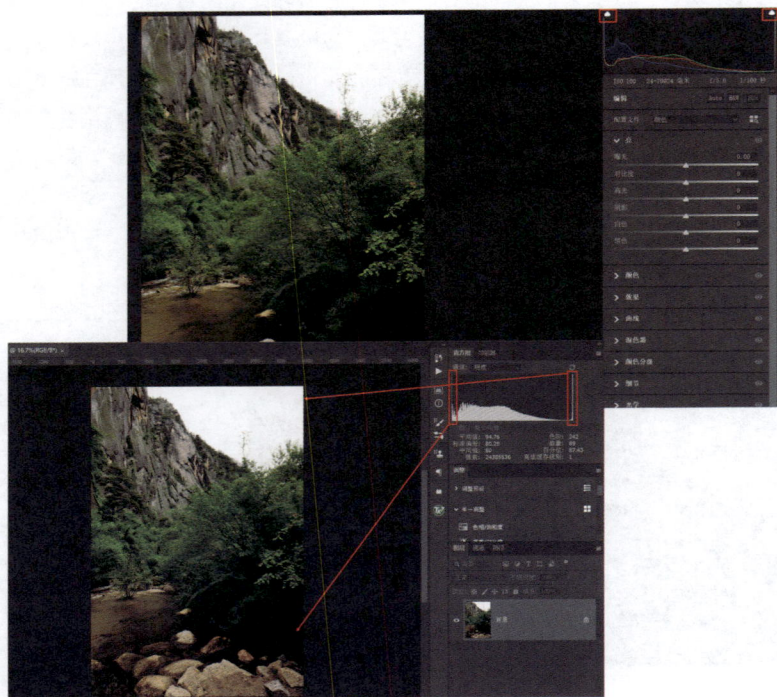

直方图的属性与用途

　　打开一张照片之后，初始状态的直方图中显示不同的色彩，分别对应红、绿、蓝等不同通道的像素明暗分布情况。

　　如果要调整为比较详细的直方图，可以在"直方图"面板右上角打开折叠菜单，选择"扩展视图"命令，调出更为详细的直方图状态。在"通道"下拉列表中选择"明度"选项，可以更为直观地观察对应明暗关系的直方图。

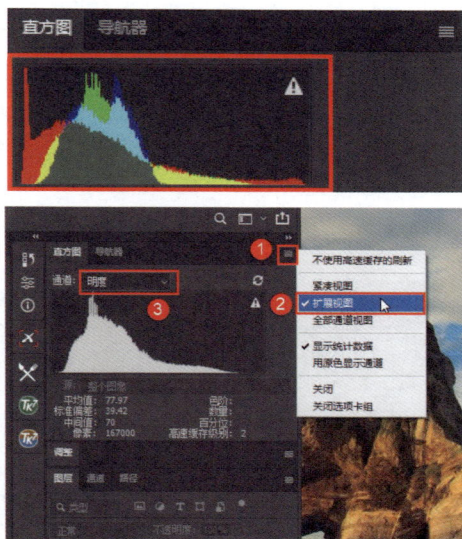

直方图的高速缓存有什么意义

　　初次打开的明度直方图右上角有一个警告标记，它对应的是"高速缓存"。所谓高速缓存，是指在处理照片时软件对照片进行抽样，此时直方图处于抽样状态，并非与完整的照片像素一一对应。因为在处理时，软件会对照片的整个画面进行简单的抽样，这样会提高处理时的显示速度。如果关闭高速缓存，此时的直方图与照片会形成准确的对应关系，但处理照片时，直方图的刷新速度会变慢，影响后期处理的效率。大部分情况下，高速缓存默认是自动运行的。当然，高速缓存是可以在软件的首选项中进行设置的，高速缓存的级别越高，抽样的程度越大，与直方图对应的准确度越低，运行速度也会越快。如果设定较低的高速缓存级别，比如没有高速缓存，则直方图与照片画面对应程度就非常准确，但是刷新的效率会比较低。从当前画面中可以看到，下方的高速缓存级别为 2，是一个比较高的级别。

　　如果去掉高速缓存，直方图会有一定的变化。

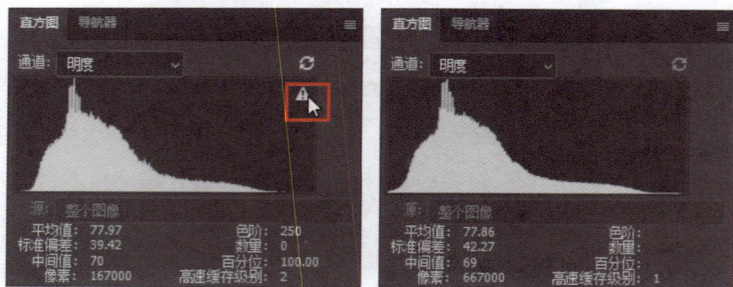

详细解读直方图的参数

打开一张照片，在直方图上单击，下方会出现大量的参数信息。

其中，"平均值"指的是画面所有像素的平均亮度。具体来说，需要将每个像素的亮度值乘以该亮度值的像素个数，然后将这些乘积相加，再除以像素总数，就可以得出平均值，平均值能反映照片整体的明暗状态。这里普及一个小知识：一张照片或图像在 Photoshop 中的亮度范围是从 0 到 255，共有 256 级，其中纯黑为 0 级亮度，纯白为 255 级亮度，其他大部分亮度介于 0 ~ 255 级，当然某个亮度的像素可能会有很多个。

"标准偏差"是统计学的概念，这里不做过多的介绍。

"中间值"可以在一定程度上反映照片整体的明亮程度。此处的中间值为 169，表示这张照片比平均亮度稍亮一些，照片整体是偏亮的。

"像素"对应的是照片所有的像素数，用照片的长边像素乘以宽边像素，就是照片的总像素。

"色阶"表示当前用鼠标单击的位置所选择的像素亮度。

"数量"表示亮度为 151 的像素个数，这个亮度的像素共有 83016 个。

"百分位"是指亮度为 151 的像素个数占总像素的百分比。

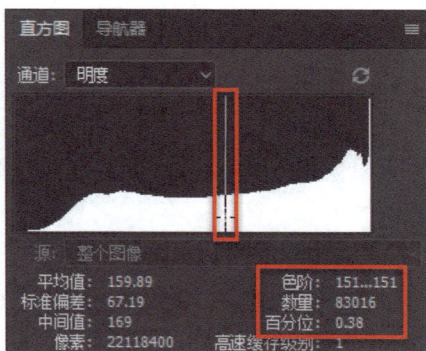

256级全影调照片

　　摄影中的影调，其实就是指画面的明暗层次。这种明暗层次的变化，是由景物之间受光的差异、景物自身的色彩变化带来的。如果说构图是摄影成败的基础，那么影调则在一定程度上决定着照片的深度与灵魂。

　　来看下方展示的 3 张照片，左侧照片画面中只剩下纯黑和纯白像素，中间的灰调区域几乎没有，细节和层次都丢失了，这只能称为图像而不能称为照片了。中间的照片，除了黑色和白色，中间亮度部分出现了一些灰色的像素，这样的画面虽然依旧缺乏大量细节，并且层次过渡不够平滑，但相对前一张照片却变好了很多。右侧照片，从纯黑到纯白，中间有大量灰调像素进行过渡，明暗影调层次过渡是很平滑的，因此细节也非常丰富和完整。正常来说，照片都应该是如此的。

　　从下面 3 张照片可以看出：照片的明暗层次应该是从暗到亮平滑过渡的，不能为了追求高对比的视觉冲击而让照片损失大量中间灰调的细节。

　　对一张照片来说，从纯黑到纯白都有足够丰富的明暗影调层次，并且过渡平滑，那么这张照片就是全影调的，直方图看起来也会比较正常。照片画面也应该从纯黑到纯白有平滑的影调过渡，照片整体的影调层次才会丰富和优美。

| 2 级明暗，只有黑和白 | 5 级明暗，有黑、灰和白 | 256 级明暗，从黑到白 |

要注意特殊影调的直方图

有些时候，如果以直方图的波形来判断，那么画面可能是曝光过度或曝光不足的，但实际上照片却是摄影师刻意营造的高调或低调的画面效果。

就如同下面的案例照片一样，从直方图波形判断，两张照片似乎分别处于严重曝光过度和曝光不足的状态，但实际上却分别是一张高调的风光照片和一张低调的风光照片。

在实际的应用中，大家要注意使用直方图辅助判断和调整影调，但却不能太机械。还应结合照片所表达的主题、创作意图等多种因素综合判断和调整影调，使照片达到更好的视觉效果。

第 3 章

ACR 全方位解析与修图技巧

　　本章将结合具体的案例照片，介绍 ACR 中各个面板内具体修图功能的核心原理与使用方法。

曝光，确定照片整体明暗

首先，将一张 RAW 格式的照片导入 ACR。在界面的右侧，可以通过单击相应的按钮切换到不同的处理界面。首先进入"编辑"界面。对照片整体的明暗、色彩和画质的优化，主要是在"编辑"界面中完成的。对照片明暗层次的优化，则是通过调整"亮"面板中的参数来实现的。

为观察调整效果，在照片显示区右下角单击"在'原图 / 效果图'之间切换"按钮，可以让照片以对比视图的方式显示。

针对直方图波形整体偏向左侧、画面整体偏暗的问题，可以通过增加"曝光"的值来改善。通过增加"曝光"的值，可以看到直方图的波形开始向右偏移，画面整体亮度也会提高。不过，即使此时直方图的波形仍然偏左，也无需过度增加"曝光"的值，以免画面出现曝光过度的问题。对于暗部整体依旧偏暗的问题，可以在后续通过调整其他参数进行优化。

高光与阴影，控制亮部与暗部层次

　　调整"曝光"的值后，照片的整体明暗会变得合理，但最亮和最暗的部分可能会存在问题。在案例照片中，虽然高山冰雪部分没有溢出变为"死白"，但直接用眼睛看却无法分辨出更多信息，即画面中的高光区域缺乏细节层次，难以分辨。因此，需要降低"高光"的值，这样做可以追回高光的细节层次。

　　与"高光"相对应的是"阴影"，案例照片中阴影对应的是左下角背光的区域。这里可以通过提高"阴影"的值来提高最暗部分的亮度，并追回暗部的细节层次。

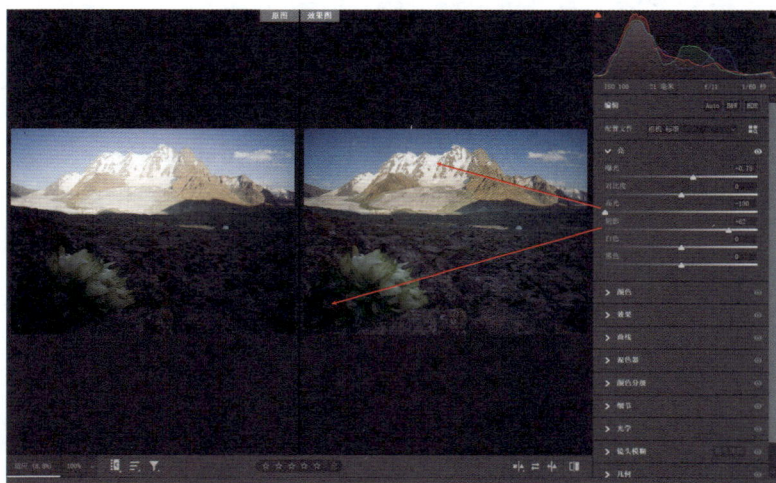

白色与黑色，确保高光与暗部不溢出

　　对一张照片来说，不能让大量像素变为"死白"或"死黑"，因为那会导致照片损失层次细节。但是，如果照片最亮的像素不够白，最暗的像素不够黑，那么照片又会不够通透。这个问题可以通过 ACR "亮"面板中的"白色"与"黑色"参数进行控制，它们分别对应的是照片中最亮和最暗的边界。

　　如果照片亮部太白，就需要降低"白色"的值，如果暗部太黑，就需要提高"黑色"的值；反之，如果照片亮部不够白，就需要提高"白色"的值，最暗的像素不够黑，就需要降低"黑色"的值。

　　后续将通过调整"白色"与"黑色"的值，来控制照片的白黑边界，以及整体的通透度。

对比度，控制照片的通透度

在优化画面的通透度时，还有一个有效的参数是"对比度"。通过提高"对比度"的值可以进一步增强画面的反差，使画面更加通透；也可以对高反差画面降低"对比度"的值，让画面的对比度变得合理。

对照片进行过细节追回等大量调整后，照片会变得不够通透，显得灰蒙蒙的，此时可以提高"对比度"的值，优化画面的层次。

再次调整画面，整体协调画面

　　借助不同参数对照片进行调整之后，并不代表已经完成了对照片全局明暗层次的调整。此时要从整体上观察照片，然后对"曝光""高光""阴影""白色""黑色""对比度"等参数的值进行调整，通过这种整体的协调，让画面整体的效果更好一些。

　　最后提高"对比度"时，画面依然可能出现高光溢出或暗部死黑的问题，也需要最后再次进行整体的协调。所以，逐个设置完各项参数后，往往还需要对画面整体的影调参数进行调整，优化画面。

　　当然，很多人可能认为当前的画面并不是特别理想，但这并不要紧。目前的调整只是对全局明暗层次做出的基础调整，旨在追回高光和暗部的细节信息。后续还会通过调整其他参数，如局部影调和色彩调整等，进一步完善画面。在"亮"面板中，调整相关参数最重要的是恢复各个区域的细节层次，并对画面的整体基调进行初步优化。

白平衡，校正照片色彩

在"编辑"界面中，展开"颜色"面板。在该面板中，可以看到多个参数，其中第一项是"白平衡"。

在"白平衡"参数的右侧有一个吸管，也就是白平衡工具。单击该吸管，此时鼠标指针会变成吸管形状。在使用这个工具之前，大家需要了解白平衡的原理。对一张照片来说，白平衡调整是指要找到照片中的白色，然后以此为基准来还原和校准照片的色彩。

在当前的照片中，山上的雪是明显的白色，因此可以在看起来比较白的位置单击，此时画面的色彩得到了相对准确的校正（即软件会将单击的位置作为白色参考来还原整体的色彩）。如果觉得当前的色彩已经最准确了，那就说明已经完成了很好的校正。但是如果仍然感觉画面存在一些问题，那么可以通过调整"色温"和"色调"这两个参数，继续校准画面的色彩。

饱和度，控制照片的色彩浓郁度

　　关于色彩的基础调整，还涉及另外两个参数，即"自然饱和度"和"饱和度"。

　　"饱和度"改变的是画面中颜色的纯度，更通俗地说，"饱和度"可以调整画面中物体色彩的鲜艳程度。若将"饱和度"的值调到最高，可以看到画面中所有的色彩变得非常浓烈，即色彩感非常强烈。当然，不能让画面保持这样的调整，而是要将"饱和度"降低到一个相对合理的水平。所以，在实际的修片过程中，往往要适当对"饱和度"进行调整。如果感觉画面色彩感偏弱，就要稍稍提高"饱和度"的值；如果感觉画面色彩过艳，就需要略微降低"饱和度"的值。

自然饱和度，控制照片的色彩鲜艳度

接下来讲解"自然饱和度"参数。与"饱和度"参数不同，"自然饱和度"在调整画面色彩感时对蓝色和绿色特别敏感。如果大幅度提高"自然饱和度"的值，最受影响的就是照片中的蓝色和绿色。当将"自然饱和度"的值调至最高时，可以明显看到画面中的蓝色和一些绿色发生了显著变化，而其他颜色的变化则不那么明显。

产生这种变化的原因是，"自然饱和度"参数主要针对风光题材摄影，所以有些软件中也将"自然饱和度"称为"鲜艳度"。在这种类型的照片中，蓝天、白云和绿色植物等颜色占据了很大比例，因此通过调整"自然饱和度"，可以对风光题材的画面进行非常好的优化。对大部分照片来说，如果希望软件自动优化画面的色彩，通常会先提高"自然饱和度"，然后适当地调整"饱和度"的值，最终使得画面的色彩整体看起来更加理想。

去除薄雾，让灰蒙蒙的照片更通透

　　用相机拍摄的照片，即便进行过影调的优化，往往还是比较柔和的，需要强化整体的清晰程度，这样照片会更清晰，更有质感。

　　在 ACR 中，展开"效果"参数，可以看到 5 组参数："纹理""清晰度""去除薄雾""晕影""颗粒"。在"晕影"和"颗粒"下方，还有一些当前不可调整的参数，随着用户对"晕影"和"颗粒"参数进行调整，这些参数将会被激活。

　　"去除薄雾"这个参数用于对不同平面间的明暗和色彩进行反差调整，让画面整体显得更清晰。在案例照片中，"去除薄雾"强化的是天空、山体和水面等平面之间的差别。它通过增强这些平面之间的差异使画面更清晰。从最终的效果来看，"去除薄雾"的影响非常明显。

　　由于"去除薄雾"这个功能的效果特别显著，如果提高幅度较大，画面可能会出现失真的问题，因此在实际使用时，提高的幅度一般不要如案例照片中那样大。

清晰度，强化景物轮廓

　　"清晰度"是一种景物轮廓级的清晰度强化参数，可用于增强景物轮廓之间的明暗和色彩对比，从而提高画面的整体清晰程度。对于一些景物元素较多的场景，"清晰度"提高的幅度不宜太大，否则会导致景物边缘出现亮边，使画面严重失真。

纹理，强化像素锐度

"纹理"是一种像素级的清晰度强化参数。通过提高"纹理"的值，可以增强像素之间的色彩差异和明暗对比，从而让画质显得更加细腻和清晰。在实际使用时，如果"纹理"的值非常高，那么很多像素边缘会出现不自然的亮边，也会导致画面失真。

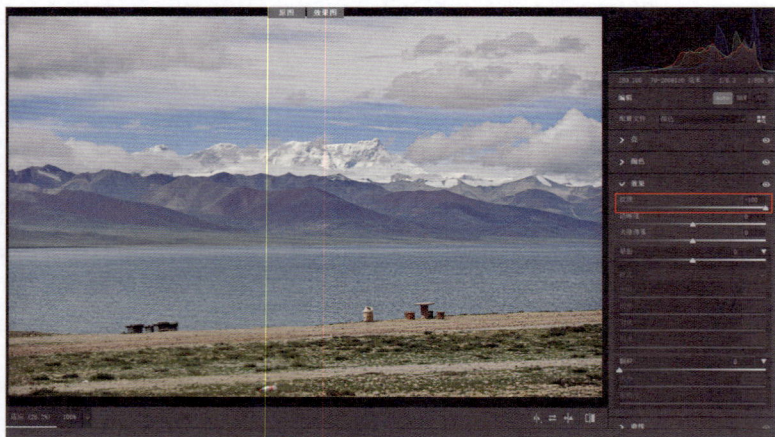

为画面添加暗角，聚拢视线

　　"晕影"参数用于控制画面的暗角效果。当向左拖动"晕影"滑块时，画面的暗角会变得更加明显。增加暗角有助于将观者的视线集中在画面中央的景物上，因为周围区域变暗了，视线更容易集中在中央位置。

　　调整"晕影"滑块时，下方的多个参数会被激活。此时，大家可以根据参数名称进行调整。例如，"中点"是指晕影的中心位置，而"圆度"则表示晕影的形状。通过改变"圆度"参数，可以明显地观察到晕影形状的变化。实际上，对这张照片来说，"中点""圆度""羽化""高光"等参数并不需要太多的调整。

　　增加暗角效果后，如果在暗角位置存在一些亮度较高的景物，可以通过提高"高光"的值来恢复这些高光的亮度，这样可以避免过度压暗导致画面失真。

为画面添加颗粒，修复断层或改变质感

"颗粒"参数用于在画面中添加一些噪点或颗粒感的效果，以营造出一种胶片的质感。在胶片时代，照片通常会有很多噪点。通过为画面添加噪点，可以让画面更接近胶片的质感。需要注意的是，增加"颗粒"的值后，画面的清晰度会降低。此外，还需要留意一点，如果在一些面积较大且色彩较为单一的平面上出现色彩断层的问题，可以通过适当添加颗粒来修复这些色彩断层。

在这张案例照片中，适当添加颗粒，可以看到整个画面中出现了适量的噪点，画面整体变得更协调和统一。

点曲线，与Photoshop的曲线一脉相承

　　在 ACR 的"编辑"界面中打开"曲线"面板，单击"点曲线"按钮，进入相应的界面。此时选项组中间有一个直方图，直方图中有一条直线段。这条直线段呈直线状态，是因为还未对照片进行调整，随着对照片的调整，它可能会变成弯曲的曲线。

　　从中间的直方图波形来看，左侧的暗部区域缺乏细节层次，按住左下角的锚点向右拖动，可以裁掉没有细节的区域，将照片中比较灰的暗部进行压暗处理。之后，在曲线段的左下和右上分别单击创建一个锚点，并分别向下和向上拖动，这相当于压暗暗部、提亮亮部，从而强化画面的反差，最终得到比较通透的画面效果。

　　如果要将照片恢复为原始状态，可以用鼠标双击曲线上的锚点，就可以消除锚点，将曲线复原。

参数曲线，量化曲线的调整幅度

在"曲线"面板中，直方图框下方有一个渐变的灰度条，灰度条上有 3 个点，将整个直方图区域分为了 4 段。最左侧的一段对应的是阴影，从中间点向左的两段对应的是"暗调"（其中包含"阴影"），从中间点向右的两段对应的是"亮调"，最右端的一段对应的是"高光"（包含在"亮调"内）。

接下来调整"高光""亮调""暗调""阴影"这 4 个参数。根据之前的分析，大幅度降低"暗调"的值，可以让照片暗部区域足够黑；稍稍提高"高光"的值，可以让画面的亮部足够亮，以此强化画面的反差，这张照片的效果就比较好了，这是曲线当中参数曲线的使用方法。

提示：对 ACR 来说，用户主要借助"亮""颜色""效果"等参数对画面进行全方位的优化。因为"曲线"面板能实现的效果，在"亮""颜色""效果"等面板中同样可以实现，并且效果会更好、更精准。所以在实际修片过程中，ACR 的"曲线"功能使用较少。

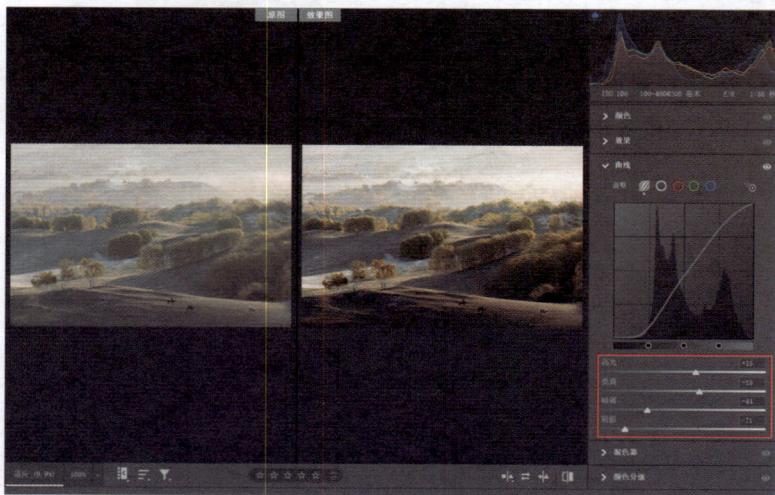

混色器，超级强大的调色工具

混色器是 ACR 中功能强大的调色工具之一，它能够通过对色相、饱和度和明亮度的细致调整，实现丰富的色彩变化。

观察右下方的原图，可以看到画面色彩比较杂乱，有红色、紫色、蓝色和绿色等多种颜色。这与摄影作品通常遵循的"色不过三"的基本审美规律相违背，因此需要进行大幅度的调色。

在"混色器"面板中，选择"色相"选项卡，在其中可以对各种不同色彩进行调整，让原本杂乱的色彩变得纯净一些，将"红色"滑块向橙色方向拖动，将"橙色"滑块向黄色方向拖动，将"黄色"滑块向橙色方向拖动，将"绿色"滑块向黄色方向拖动，通过这种色彩的偏移，会让画面的暖色调更趋向于橙色，冷色调都趋向于蓝色，画面的色相开始趋于干净。切换到"饱和度"选项卡，提高黄色的饱和度，让灯光部分色彩更浓郁，适当降低绿色和浅绿色的饱和度，让画面中间下方的绿色部分变淡。切换到"明亮度"选项卡，提高暖色调的明亮度，让灯光部分显得更明亮、更璀璨，适当降低蓝色的饱和度，让阴影部分更暗一些，这样画面会更通透。

通过上述调整，画面的色彩会变得纯净很多。

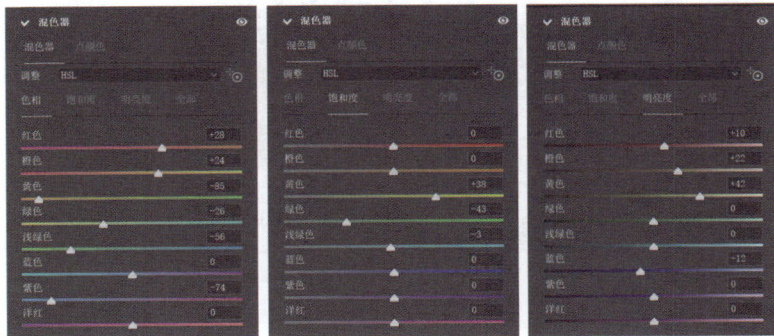

点颜色，方便好用的选色与调色功能

借助"混色器"中的"色相""饱和度""明亮度"可以对某些具体的色彩进行调色。但有时候无法准确选择某些色彩，这时可以使用"点颜色"功能。ACR 16.0 及之后的版本增加了"点颜色"功能。在"混色器"面板中，切换到"点颜色"选项卡后，可以单击采样点颜色这个吸管工具，然后选择照片中的特定颜色进行调整。

这个功能的意义在于它解决了人们在调整颜色时难以精准选择目标色彩的难题。举例来说，画面左下方有一片区域看起来绿色特别重，虽然之前降低了绿色的饱和度，但仍然不能消除绿色过重的问题。这是因为这片绿色中掺入了大量的青色等颜色，导致只调绿色的效果不够好。这时可以借助"点颜色"功能，准确选择这片区域的色彩进行调整。使用吸管工具在呈绿色的路面位置单击，这样就能够获取到被单击位置的颜色，并将其保存在色板中。利用色板下方的"色相""饱和度"和"明亮度"滑块，可以对所选颜色进行更加精准的调整。

最终得到了不错的修图效果。

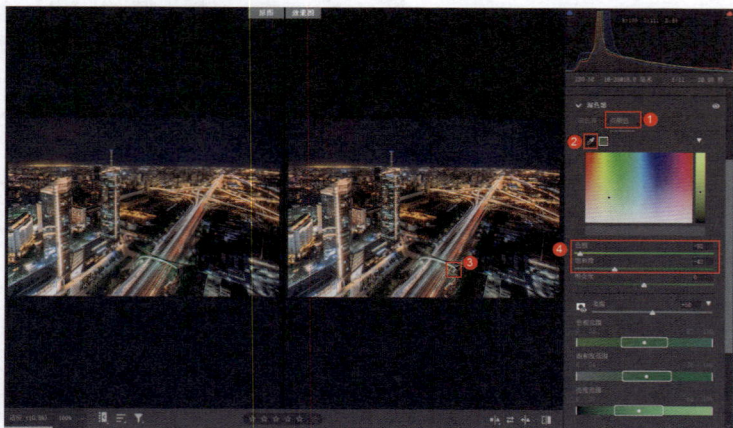

颜色分级（1）：调整高光区域的色彩

通过使用"颜色分级"功能，用户可以对明暗层次非常明显的照片进行快速的分区渲染，从而营造出具有电影感色调的照片效果。接下来通过具体的案例照片来进行详细讲解。

首先，观察原照片，可以看到画面反差较大，这样的照片非常适合使用"颜色分级"功能进行色彩渲染。

切换到"颜色分级"面板，单击"高光"按钮，显示高光渲染色环。在该色环中，提高高光的饱和度，这将主要影响亮部颜色的呈现效果。改变"色相"的值，可以为高光区域渲染一些特定的色彩。对大部分照片来说，大家可以为高光区域渲染偏暖的色调，所以这里将"色相"滑块拖动到偏橙色的位置，并大幅度提高饱和度，可以看到远处的亮部区域色彩明显变得更暖、更浓郁。

颜色分级（2）：调整暗部区域的色彩

　　对暗部区域调色，可以单击"阴影"按钮，切换到"阴影"色环。根据自然规律，一般来说，阴影区域的色温较高，色彩应该是偏冷的，最好有一些青色或蓝色的冷色调。因此，大家可以拖动"色相"滑块到青蓝色的区域，然后提高"饱和度"的值。这样，画面的暗部会迅速呈现出冷色调，调色时要注意避免饱和度过高的问题。

混合与平衡，优化分区调色的效果

　　"颜色分级"面板中还有"混合"和"平衡"两个参数。"混合"参数主要用于调整为高光和阴影渲染的色彩的混合程度。当提高"混合"的值后，高光与阴影部分的色彩混合度会增加，避免出现色彩断层的问题。

　　"平衡"参数用于控制色彩渲染更倾向于高光还是阴影。在当前画面中，高光和阴影是分开的。当向右拖动"平衡"滑块时，表示要让色彩的渲染更偏向于高光。通过向右拖动"平衡"滑块提高"平衡"的值，可以看到阴影部分也会被渲染出很多暖色调，这是因为我们让调色效果更倾向于暖色调。相反，如果向左拖动"平衡"滑块，则整体照片会倾向于冷色调。

　　提示：　"颜色分级"功能适用于明暗层次分明或反差较大的照片。它可以为高光和暗部分别渲染不同的色彩，从而迅速呈现出两种色调。同时，它还能够将其他杂乱的色彩统一到这两种色调上，以达到整体统一的效果。

对照片锐化处理，强化细节

　　ACR 中的"细节"面板主要用于优化照片的画质，以获得更好的效果。照片画质的优化主要包括两个方面。首先是对照片进行锐化，提高其清晰度；其次是进行降噪处理，消除照片中的噪点，使画面更加平滑。通过锐化和降噪，最终可以得到画质更好的照片。下面先来看锐化的相关知识。

　　对照片进行处理后，放大照片可以发现远处的对象缺乏清晰度，过于柔和。

　　切换到"细节"面板。当前画面的锐度较低，为了改善这一情况，可以提高"锐化"的值。通过提高"锐化"的值，可以使远处景物变得更加清晰。

　　锐化会增强像素之间的对比度，进而强化像素的明暗和色彩差异，以提高整体锐度。

蒙版，限定锐化区域

对任何一张照片来说，提升锐度也会使噪点与周围像素之间的差异更加明显，导致噪点变得更加突出。

对于这种情况，大家可以在"锐化"参数组中进行适当的设置和调整。例如，在处理建筑物轮廓时，可以增强锐化效果，但对于天空这样的平面区域，实际上并不需要进行锐化处理，保持其平滑状态会更合适。此时，可以提高下方的"蒙版"的值，用于限定只对存在明显轮廓线的区域进行锐化，而不对大片平面区域锐化。

具体使用时，可以按住键盘上的"Alt"键，并提高"蒙版"的值，画面会转换为黑白状态。此时，白色区域代表需要进行锐化的区域，而黑色区域则代表不需要进行锐化的区域。由于本案例的目的是锐化建筑物轮廓，因此可以大幅度提高"蒙版"的值，以确保不对天空平面区域进行锐化。这样，天空仍然能够保持比较平滑的过渡，但建筑物轮廓得到了锐化，进而提升了画面清晰度。

颜色，消除彩色噪点

　　以高感光度拍摄夜景等题材，画面会出现大量噪点。这些噪点有彩色的，也有单色的，会让画面显得非常脏。

　　在 ACR 的"细节"面板中，"手动降噪"中的"颜色"参数主要用于消除照片中的彩色噪点。首先，将"颜色"的值调至最低，会发现画面中存在大量的彩色噪点；将"颜色"的值提高，对比调整前后的画面效果，可以看到彩色噪点明显减少甚至消失。一般情况下，保持"颜色"的默认值 25 就能有效消除照片中的彩色噪点。

明亮度，消除单色噪点

　　对高噪点照片使用"颜色"参数消除彩色噪点后，依然会残留很多单色的噪点，这时可以借助"明亮度"参数进行处理。

　　将照片切换为处理前后的对比显示状态，然后在"手动降噪"中向右拖动"明亮度"滑块，可以增加"明亮度"的值，当将"明亮度"的值增加到很高时，画面中的噪点基本上会消失。

　　注意，这里存在一个明显的问题，如果"明亮度"的值过大，画面的锐度就会严重下降。因为在 ACR 中，噪点消除主要是通过模糊的方式来实现的，一旦模糊幅度过大，就会导致景物轮廓变得模糊，不够清晰。因此，"明亮度"的值也不宜过高。一般来说，将其在 10 ～ 25 范围内调整就足够了。对于一些噪点不是很严重的照片，甚至"明亮度"的值不宜超过15。

　　至于"细节""对比度""平滑度"这几个参数，它们可以用于强化或弱化降噪效果，从而展现更多的锐度和细节，这里就不再过多介绍了。

去除杂色：AI完美降噪

随着技术的不断进步，当前新版本的 ACR 增加了大量的 AI 功能，"减少杂色"就是其中之一。

在 ACR 中打开高感光度的照片，切换到"细节"面板，即可看到"减少杂色"这个功能，使用这个功能可对画面进行 AI 降噪。当我们对 RAW 格式的照片进行 AI 降噪后，会生成一个新的降噪后的 DNG 格式的文件。

具体使用时，直接单击"减少杂色"按钮即可。此时会进入降噪的预览界面——"增强"，在窗口的左侧可以看到降噪之后的画面，效果非常好，既消除了大量噪点，又保持了画面的锐度，效果远好于手动降噪的效果。在预览界面单击，可以查看处理之前的画面。

通常情况下，无须对对话框中的参数进行调整，只需注意下方显示的估计时间为 3 分钟。然而，这个估计时间并非固定的，而是取决于计算机的性能。在预览完成后，直接单击"增强"按钮即可。

如果计算机上同时运行了许多软件并占用了大量内存，那么减少杂色的过程可能会变慢。因此，在对照片进行 AI 降噪时，建议关闭其他不相关的软件，以提高降噪速度。

删除色差：修复高反差边缘的彩边

　　当使用大光圈广角镜头拍摄照片时，明暗高反差边缘会出现一些彩边，也称为色差，通常以紫色和绿色为主。同时，使用大光圈广角镜头会使镜头边缘的入光量较少，导致照片四周出现一些明显的暗角。此外，画面四周也可能存在几何畸变，这在拍摄建筑类题材时影响较大，但对于一般的人像和风光等题材，调整几何畸变的必要性不大。下面将结合具体的案例照片，讲解如何消除照片中的彩边、暗角和几何畸变。

　　放大照片，会发现有明显的紫边和绿边，这是高反差边缘导致的。

　　切换到"光学"面板，勾选"删除色差"复选框，就会发现彩边问题得到了一定程度的缓解，但是还没有完全消除，这是因为这张照片的彩边问题比较严重，此时可以进一步调整相关参数，直到得到理想的效果。

手动删除过于浓重的彩边

针对彩边没有完全消除的问题，可以通过调整下方的"去边"参数获得更好的修复效果。"去边"这组参数包括"紫色数量""紫色色相""绿色数量""绿色色相"4 个参数。"紫色数量"表示对紫色去边的幅度，"紫色色相"则界定了紫色彩边的色彩范围。对于当前这张照片，可以略微扩大"紫色色相"的范围，并增加"紫色数量"的值，同时对绿色进行类似的调整。通过这样的调整，就可以观察到人物后方景物边缘的彩边已经基本被消除了。

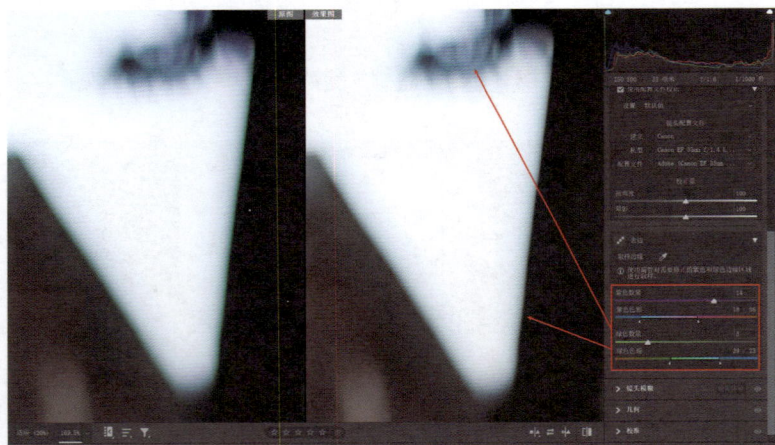

根据实际情况确定暗角的状态

接下来对照片的暗角进行修复。这个过程非常简单，只需勾选"使用配置文件校正"复选框即可，软件会自动识别拍摄时所用的镜头，并依据镜头数据对四周的几何畸变和暗角进行修复。在校正之后，画面的明暗变得更加均匀，四周的暗角也被成功修复了。

如果想要保留一定的暗角效果而非完全消除暗角，该怎么做呢？答案是可以降低"晕影"的值。如果要让画面四周更亮一些，则可以提高"晕影"的值，画面四周会变亮。同样的方法也适用于几何畸变的修复，以及调整量的微调。

提示： 需要注意的是，如果使用原厂镜头拍摄，通常勾选"使用配置文件校正"复选框后，软件会自动识别镜头品牌和型号，并实现准确的校正。但如果使用副厂镜头或通过转接环使用其他厂家的镜头拍摄，则软件可能无法准确识别出镜头型号，此时需要在镜头配置文件中手动选择所使用的镜头型号，以实现全面的校正。

AI虚化背景，突出主体人物

下面介绍如何使用 ACR 中"镜头模糊"面板中的参数调整画面的景深，以实现虚化效果。这样可以使主体对象更加突出，背景更加虚化，适用于人像、花卉等照片的优化。需要注意的是，"镜头模糊"是 ACR 16.0 新增的一种 AI 后期处理技巧，因此使用此功能需要使用 ACR 16.0 及以上版本。

首先，将照片导入 ACR，展开"镜头模糊"面板。在"镜头模糊"面板中，有一个"抢先体验"的提醒标志，这表示该功能还处于不太成熟的阶段，但它仍然非常强大且易于使用。一旦勾选"应用"复选框，软件将自动检测照片中的主体对象和虚化区域，并对虚化部分进行进一步的虚化增强。通过计算，可以看到背景的虚化得到了进一步的增强，从而使主体更加突出。在人像摄影中，如果无法获得理想的背景虚化效果，可以通过这个功能来增强背景的虚化程度。

增加"模糊量"的值，背景的模糊程度会增强；反之，模糊程度会降低。由本案例可以看到，借助 AI 功能制作虚化效果非常简单，并且效果自然。

AI光斑，模拟不同镜头的散景效果

为照片设置浅景深效果后，可以调整其他参数，优化效果。

散景指的是虚化背景中的一些亮光斑点。对于这些亮光斑点，可以让其呈现出圆形、气泡状、5片式、环状或猫眼等形状。实际上，在背景中，这些不同形状的散景并不是特别明显。大家可以选择环状，使背景中出现迷人的圆环，这是模仿折返式镜头拍摄的照片焦外效果。

此外，大家还可以拖动"放大"滑块，改变散景光斑的大小。

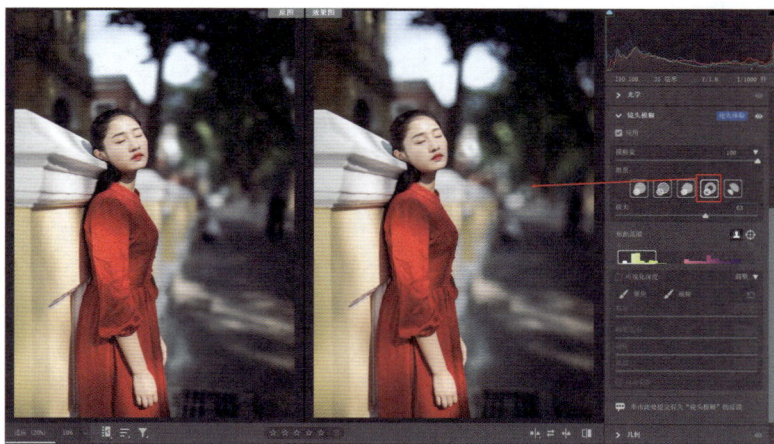

AI焦距范围，调整照片模糊的位置

制作好浅景深的模糊效果后，还可以通过调整"焦距范围"来控制照片当中清晰和虚化的位置。

对于这张照片，我们可以适当缩小焦距范围，让聚焦区域更小，并左右拖动聚焦位置，这样就可以确保人物是清晰的，而前景和背景处于焦外的模糊区域。

通过调整，可以看到人物之前的部分，也就是前景区域也呈现出一定的模糊效果，最终突出了主体人物。

AI调整失败的原因及解决方案

使用 ACR 或 Photoshop 的 AI 功能，有 3 个必要条件：其一，软件版本足够新，旧版本是没有这些 AI 功能的；其二，计算机需要联网，脱机时也无法使用大部分 AI 功能；其三，计算机的性能足够好，最好配备独立显卡。如果计算机性能不够好，在使用 AI 功能时可能会出错，比如会弹出一个提示框，提示用户"发生意外错误，无法完成您的请求"，这表示由于计算机存在内存不足或硬件性能欠佳的问题。

在出现这种情况时，可以先关闭 Photoshop 软件，再关闭其他正在运行的软件，释放一些内存。之后，单独将照片载入，再启用 AI 功能即可。

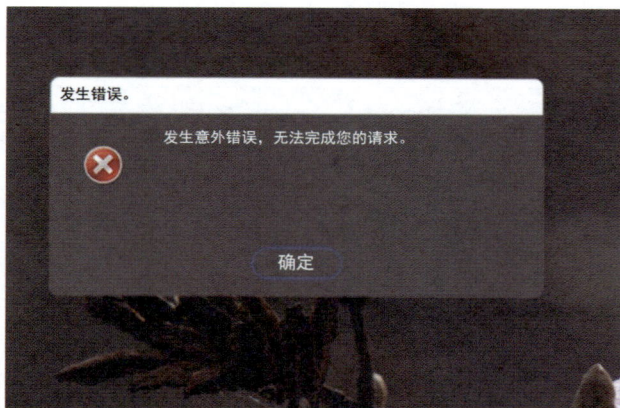

使用Upright的自动功能校正画面

本例将讲解如何借助 ACR 对照片进行水平线和竖直线的透视校正。这种校正主要借助 ACR 中"几何"面板中的调整参数。下面通过具体的案例照片进行讲解。

将照片导入 ACR，画面左侧和右侧的建筑都出现了线条的倾斜，这是由于透视变形导致的。展开"几何"面板，最简单的校正方法是直接单击 Upright 底下的"A"图标，即自动校正按钮；也可以像案例照片中那样，根据照片畸变的状态来调整。在这张照片当中，主要是竖直方向的建筑出现了透视变形，此时可以单击竖直方向的校正，单击后可以看到，左右两侧的建筑得到了一定幅度的校正。

如果要取消校正效果，可直接单击 Upright 下方最左侧的关闭按钮。

通过建立参考线完美地校正画面

如果使用简单的自动、水平校正或竖直校正无法让照片得到完美的校正，可以先单击关闭按钮，然后使用手动调整参数的方式来校正，即使用参考线来校正画面的透视变形。

首先单击使用参考线按钮，然后将鼠标指针移动到已经发生了倾斜的竖直线条上。这些线条原本应该是正上正下比较规整的，但由于透视变形出现了倾斜。将鼠标指针移动到线条的某一端，按住鼠标左键不松开，并让参考线与原本应该竖直的线条重合。这样就沿着这条变形的线条建立了一条参考线。

此时，除了多了一条参考线，画面没有发生任何变化。接下来需要在另一侧发生变形的线条上同样建立一条参考线。松开鼠标后，就会发现画面中的竖直线条得到了校正，并且校正效果非常理想。

提示：通过参考线来手动校正照片的透视变形，除可如本例这样校正竖直方向的问题，还可以建立水平参考线来校正水平方向的变形。

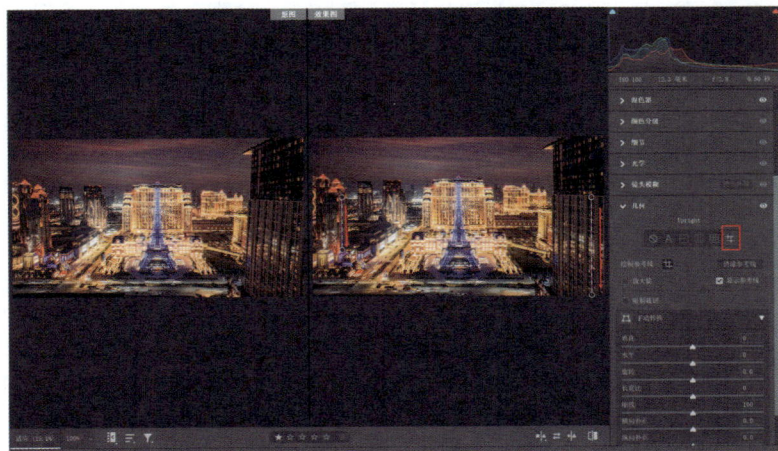

案例实战：校正变形的窗户

　　下面通过具体案例为大家介绍使用参考线校正水平和竖直透视变形的方法。将照片导入 ACR。观察画面中的窗户，可以发现窗户的水平线和竖直线存在一些问题。为了解决这些问题，依然可以使用参考线来进行调整。首先找到照片中一条明显的水平线，在这条水平线上建立参考线，然后在下方找到另外一条水平线建立参考线，进行水平线的调整。

　　接着找到照片中的一些竖直线并建立参考线，进行竖直方向的调整。通过这种调整，即可成功将照片中的窗户部分调整到非常规整的程度。

　　由于这种校正会对画面的边缘像素产生较大影响，导致画面四周出现一些空白区域，后续使用"裁剪工具"将空白区域裁掉就可以了。

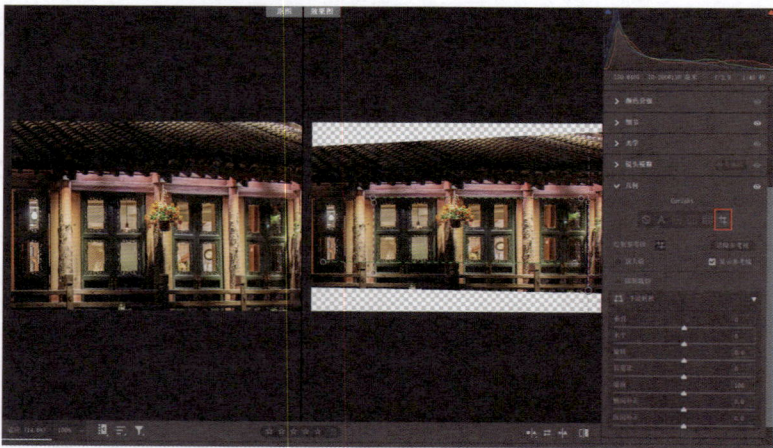

校准：快速统一画面色调

本例将介绍 ACR 中"校准"面板中原色功能的使用方法。

切换到"校准"面板，注意下方的 3 个参数组合："红原色""绿原色""蓝原色"。

对于风光题材的照片，通常需要调整"蓝原色"。如果向左拖动"蓝原色"的"色相"滑块，那么画面整体的冷色调会向青色的方向偏移，暖色调都向红色方向偏移。这样就可以快速地聚拢色调，让画面的色调变为青和红两大类，从而变得干净。

"绿原色"与之原理相近，向右拖动"色相"滑块，画面的冷色调都会向绿色方向偏移，暖色调都会向绿色的补色洋红的方向偏移。

对于案例照片，通过向左拖动"蓝原色"的"色相"滑块，向右拖动"绿原色"的"色相"滑块，可以将画面的色彩快速统一为冷暖两大类色调，使画面变得更干净。

提示：至于色彩互补的原理及应用，在后续章节详细介绍。

第 4 章
快速上手 Photoshop：界面功能与操作

在 ACR 中经过初步调整后，可能还需要将照片从 ACR 载入 Photoshop 进行更多或更专业的精修。本章将介绍 Photoshop 的基础入门知识，包括 Photoshop 界面功能的分布与基本的操作技巧。

Photoshop启动界面的设置技巧

安装好 Photoshop 软件之后，初次打开软件，会进入一个常规的主界面，如果之前没有使用过 Photoshop 或者是第一次启动新安装的 Photoshop，那么这个主界面就是空的。如果之前已经使用过 Photoshop，那么主界面中就会显示最近使用项，即显示照片的缩略图。在处理照片时，如果还要打开之前使用的照片，那么直接在主界面中单击这些缩略图就可以。

打开照片之后，还可以设置关掉照片之后是否回到主界面，具体操作是在顶部菜单栏选择"编辑"→"首选项"，在"首选项"对话框的"常规"选项卡中，勾选"自动显示主屏幕"复选框，这样后续如果用户关闭照片，软件会自动回到主界面。

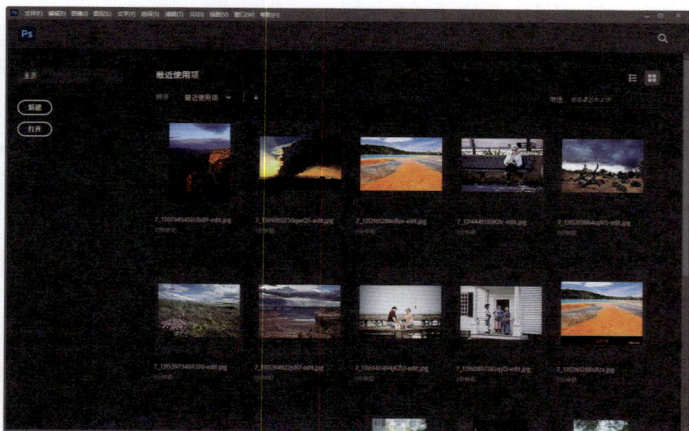

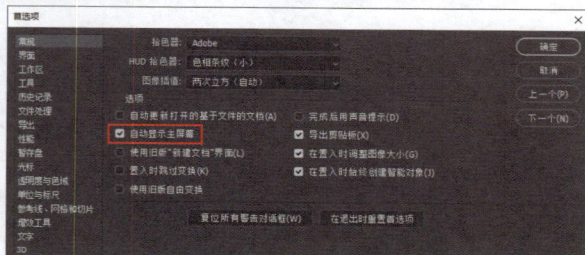

单独打开一张照片

如果要打开其他照片，可以在主界面左上角单击"打开"按钮，然后在打开的"打开"对话框中选中要使用的照片，再单击右下角的"打开"按钮即可。当然，在文件夹中选择要打开的照片，将其拖入 Photoshop 主界面左侧的空白处，也可以将照片在 Photoshop 中打开。

Photoshop主界面的功能布局

　　Photoshop 主界面（或者说工作界面）看起来分布着很多菜单、按钮和功能分布，如果理清了各个区域的功能，那么后续的学习还是非常简单的。

　　下图标注出了 Photoshop 主界面的功能板块，下面分别介绍。

　　① 菜单栏：集成了 Photoshop 绝大部分功能和操作，并且通过主菜单，用户可以对软件的界面设置进行更改。

　　② 工作区：用于显示照片，包括照片的标题、像素、缩放比例、画面效果等。后续进行照片处理时，要随时关注工作区中的照片显示，并对照片进行一些局部调整。

　　③ 工具栏：用于辅助照片的处理操作，部分工具也可单独使用。

　　④ 选项栏：主要配合工具使用，用于限定工具的使用方式，设置工具的使用参数。

　　⑤ 面板：该区域分布了大量展开的面板，并且部分面板处于折叠状态。

　　⑥ 处于折叠状态的面板：可通过单击相应按钮展开折叠面板。

　　⑦ 最小化、最大化及关闭按钮：可分别使主界面最小化、使主界面最大化和关闭主界面。

　　⑧ 快捷操作按钮：用于对主界面或整个 Photoshop 软件进行搜索，对界面布局进行设置等操作。

为Photoshop配置数码后期界面

安装好 Photoshop 后，初次打开一张照片，面板及工具栏中工具可能并非都是人们经常使用的，此时可以将 Photoshop 配置为适合摄影师处理照片经常使用的界面设置。

具体操作：在 Photoshop 主界面右上角单击，打开工作区设置下拉菜单，在其中选择"摄影"，就可以将 Photoshop 配置为摄影工作界面。

当然也可以打开"窗口"菜单，在其中选择"工作区"→"摄影"命令，同样可以将 Photoshop 主界面配置为"摄影"界面。

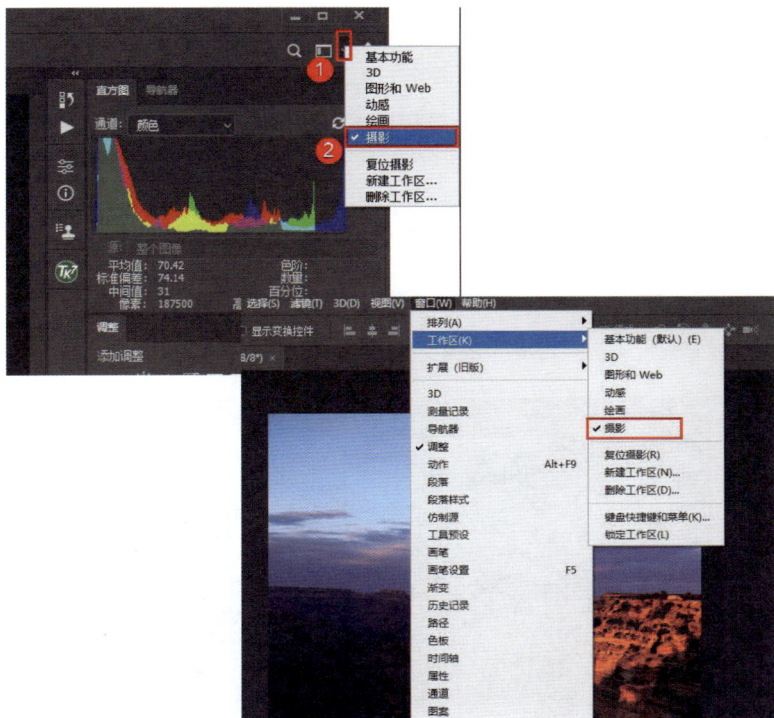

Photoshop工具栏的设置技巧

对于默认状态下的 Photoshop 工具栏，很多工具处于单个摆放状态，这样会导致工具栏特别窄、特别高，有时使用并不方便，因此可以进行一定的设置。

具体设置：在工具栏底部单击"编辑工具栏"按钮并按住鼠标左键不放，在弹出菜单中选择"编辑工具栏"，打开"自定义工具栏"对话框，在其中可以看到许多功能被拆分开，这种拆分的工具会在工具栏中单独摆放，在此可以将其折叠。

具体操作：拖动想要折叠的工具，当目标位置出现表示可以放置的蓝框之后松开鼠标，这样就可以将这些工具折叠起来。

经过拖动之后，将"修复画笔工具""修补工具""内容感知移动工具"等几种工具折叠在了一起。确定操作后，主界面工具栏中的"污点修复画笔工具"右下角会出现一个三角标，在该工具上按住鼠标左键不动就可以显示这几种折叠的工具。

在"自定义工具栏"对话框右侧是一些不经常使用的工具，如果个人偏好使用一些比较特殊的工具，也可以从右侧附加工具栏中将某些工具拖动到左侧，这样这些工具就会显示在工具栏中。

设置完成之后，单击"完成"按钮即可返回。

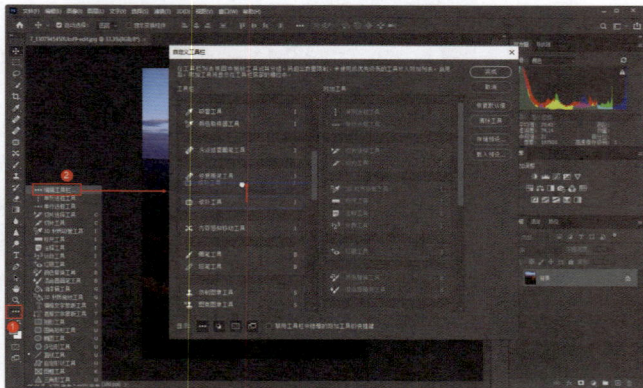

Photoshop面板的设置与操作

对于 Photoshop 主界面中的面板，用户也可以根据个人的使用习惯及照片显示状态进行摆放和调整。比如，可以单击某个面板的标题栏并拖动，让其从停靠状态变为悬浮状态。这里将"导航器"面板拖动到了工作区。

在界面右侧存在多个面板折叠的情况，处于折叠状态面板组中，标题高亮显示的是当前显示的面板，非高亮显示的面板处于折叠状态，例如"图层""通道""路径"这 3 个面板，"图层"面板处于高亮显示状态时，那么"通道"和"路径"面板处于折叠状态。

对于悬浮的面板，还可以将其拖回原有的停靠位置，拖动到停靠面板标题上出现蓝框时，松开鼠标就可以再次将悬浮的面板归位于原状。

对于停靠的面板，在其标题上按住鼠标左键左右拖动，可以改变这些面板的排列次序。如果要激活处于折叠状态的面板，则单击其标题栏就可以将其激活。

扩展面板与面板的停靠

Photoshop 中的面板有一部分处于展开状态，有一部分处于折叠状态，还有一些折叠起来停靠在左侧的竖条上。除系统自带的面板之外，还有一些第三方的滤镜或插件，也可以停靠在竖条上，比如安装的 TK 亮度蒙版插件，安装之后也可以作为一种常态将其固定在竖条上。具体操作：打开"窗口"菜单，在"扩展"子菜单中选择"TK7 Rapid Mask"（TK 亮度蒙版）命令，就可以将这个亮度蒙版固定在竖条上。

Photoshop 中所有的面板，都可以通过"窗口"菜单进行打开或关闭。打开"窗口"菜单之后，选择某个面板就可以将其开启，开启的面板为勾选状态，取消勾选相应的面板，就可以关闭该面板。

对于"直方图"面板，默认显示的是一种紧凑视图，很多用户比较喜欢让直方图显示扩展视图，这样方便观察不同的直方图类型，以及直方图下的一些具体信息。操作时，在"直方图"面板右上角打开折叠菜单，在其中选择"扩展视图"命令即可。

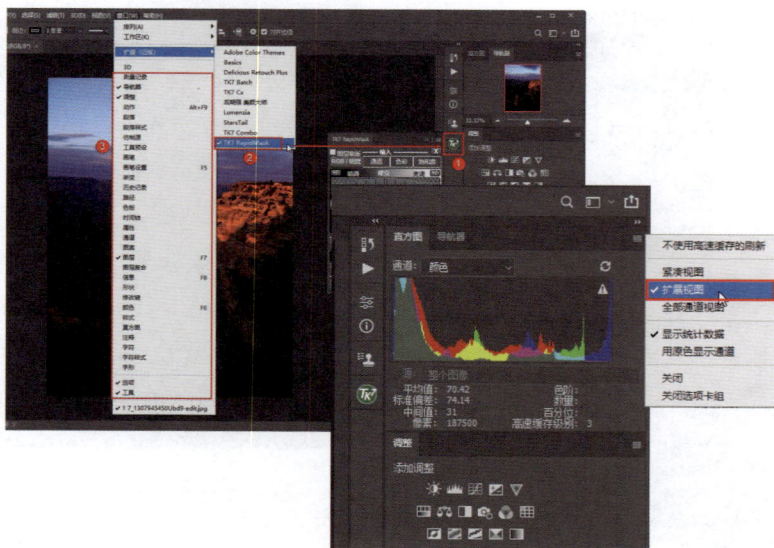

修图时的色彩空间设置

　　要处理照片，色彩空间、位深度等参数是非常重要的，需要提前进行相应的设置。

　　设置色彩空间时，在主界面中打开"编辑"菜单，选择"颜色设置"命令，打开"颜色设置"对话框。在其中将"工作空间"设置为 Adobe RGB 色彩空间，然后单击"确定"按钮，这样就将软件设置为了 Adobe RGB 色彩空间。这表示为软件这个处理照片的平台设置了一个比较大的色彩空间。当然，此处也可以设置为 ProPhoto RGB，它有更大的色域，但是它的兼容性及普及性稍差一些，可能有些初学者不是特别理解，后续可以查询资料深入学习。

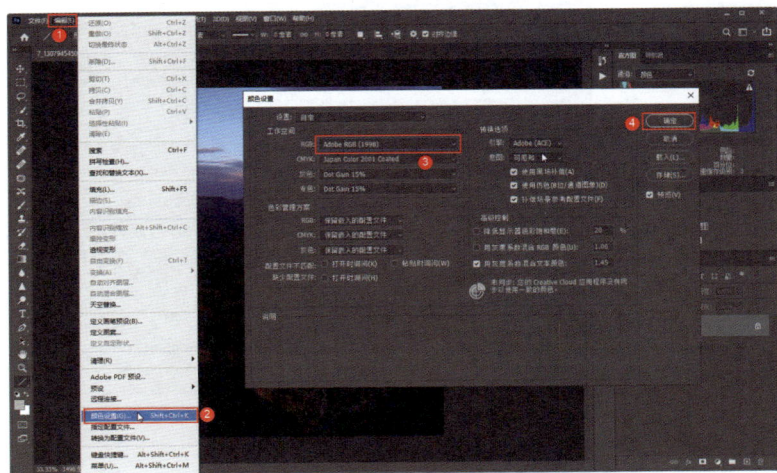

输出照片时的色彩空间设置

打开"编辑"菜单，选择"转换为配置文件"命令，打开"转换为配置文件"对话框，在其中将"目标空间"设置为 sRGB，然后单击"确定"按钮。这表示处理完照片之后，将输出的照片配置为 sRGB。sRGB的色域相对小一些，但是它的兼容性非常好，配置为这种色彩空间之后，就可以确保照片在计算机、手机及其他显示设备中保持一致的色彩，而不会出现 Photoshop 软件中显示一种色彩、看图软件中显示一种色彩、手机中显示一种色彩、计算机中显示一种色彩这样比较混乱的情况。

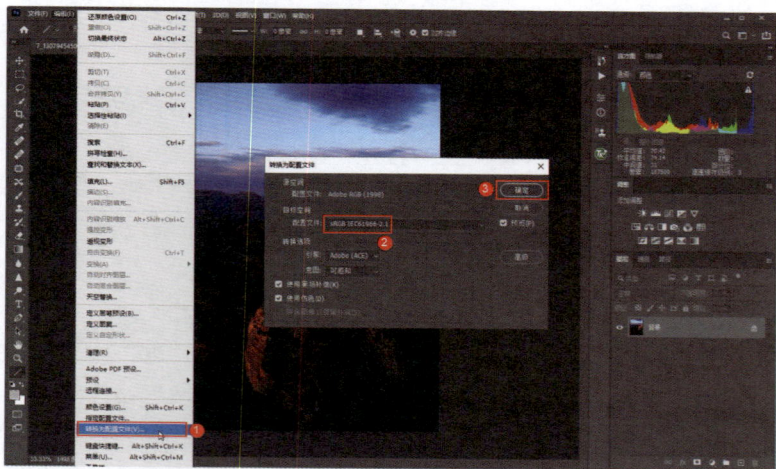

色彩模式与位深度设置

对于色彩模式和位深度的设置，主要是在"图像"菜单中进行操作。具体操作：打开"图像"菜单，选择"模式"命令，在展开的子菜单中确保选择"RGB 颜色"和"8 位通道"命令。"RGB 颜色"是指人们日常浏览及处理照片时所使用的一种最重要的模式，"CMYK 颜色"模式主要用于印刷，"Lab 颜色"是一种比较老的用于在数码设备显示与印刷之间衔接的一种色彩模式。通常情况下，设置为"RGB 颜色"模式即可。

位深度一般设置为"8 位通道"，通常情况下，位深度越大越好，但是它与色彩空间相似，比较大的位深度对软件的兼容性不是太理想，Photoshop 中的绝大多数功能对 8 位通道的支持性更好，如果设置为 16 位或 32 位，那么很多功能是不支持的。

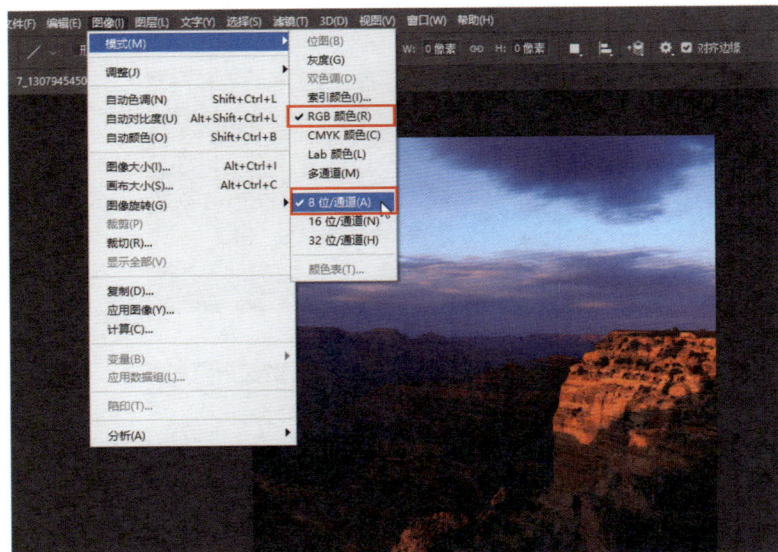

照片尺寸的设置技巧

处理完照片之后，如果要缩小照片尺寸，用于在网络上分享，那么可以打开"图像"菜单，选择"图像大小"命令，在打开的"图像大小"对话框中可以缩小照片的尺寸。

默认状态下，照片的长宽比处于锁定状态，比如此处设置照片的高度为 2000 像素，那么照片的宽度就会自动根据原始照片的长宽比进行设置。

如果想改变软件的长宽比，那么可以取消激活照片尺寸左侧的链接按钮，之后可以看到链接按钮上方和下方的连接线消失，这表示照片的长宽比不再被锁定，用户可以根据自己的需求来改变照片的宽度和高度。比如，此处将照片的高度改为 1000 像素，但是宽度并没有随之变化，这是因为前面已经解除了照片尺寸调整的锁定状态。

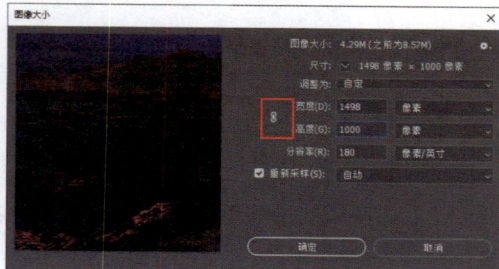

照片画质的设置

处理完照片进行保存时，打开"文件"菜单，选择"存储为"命令，打开"另存为"对话框，在其中人们设置的保存格式大多为 JPEG 格式，文件名之后会有 .jpg 或 .JPG 扩展名。

在"另存为"对话框右下方可以看到，ICC 配置文件为 sRGB，这是因为用户在保存照片之前进行过色彩空间的配置，将照片配置为了 sRGB。然后单击"保存"按钮，这样会打开"JPGE 选项"对话框。

在"JPEG 选项"对话框中，可以设置保存照片的画质，在"图像选项"选项组中，可将照片的品质设置为从 0 ～ 12 共 13 个级别，数字越大画质越好，数字越小画质越差。一般情况下，可以将照片的画质设置为 10 ～ 12 的最佳画质，但没有必要设置为 12，如果设置为 12，从右侧的"预览"下方可以看到照片非常大，比较占用存储空间。设置好之后单击"确定"按钮，这样就完成了从打开到配置，再到保存照片的整个过程。

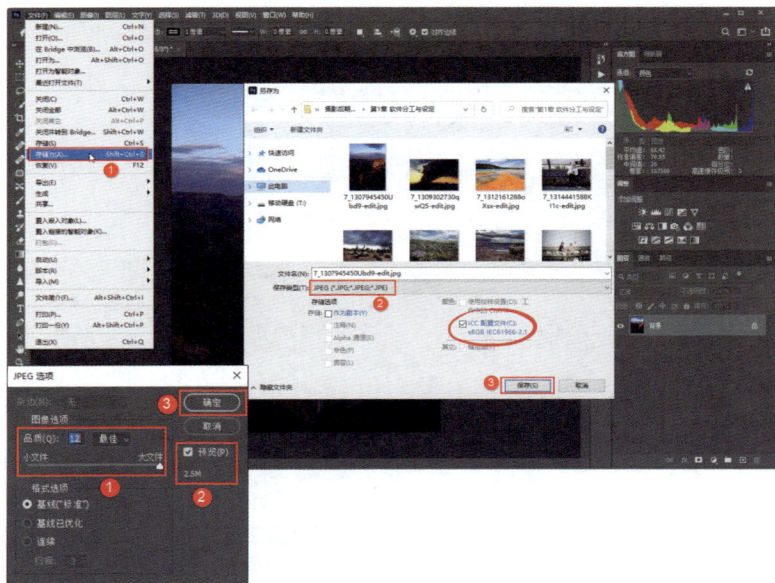

Photoshop中缩放照片的3种方式

在 Photoshop 中打开照片，如果要缩放照片的显示比例非常简单，可以在工具栏中选择缩放工具，然后在上方的选项栏中设置选择放大或缩小工具，然后将鼠标指针移动到照片工作区中单击，就可以放大或缩小照片。但是这种操作比较烦琐，并且有时可能用户已经开启了其他的功能或正在使用其他的工具，这时是没有办法再选择缩放工具的，那么可以通过其他方式，在使用其他功能的状态下来缩放照片。

缩放照片的第二种方式是在"首选项"对话框中，切换到"工具"选项卡，在其中勾选"用滚轮缩放"复选框，然后单击"确定"按钮，这样返回之后，在 Photoshop 主界面只要拨动鼠标上的滚轮，就可以放大或缩小照片，非常方便。

缩放照片的第三种方式是用键盘控制。如果要放大或缩小照片，可以按键盘上的"Ctrl++"或"Ctrl+–"组合键，就可以分别放大和缩小照片。如果要将照片缩放到与软件工作区相符合的比例，那么直接按键盘上的"Ctrl+0"组合键，就可以将照片以适合屏幕的缩放比例显示。

抓手工具与其他工具的切换

放大照片之后，用户看到的通常是照片的局部，如果要查看其他局部，可以在工具栏中选择"抓手工具"，然后将鼠标指针移动到画面上单击并按住鼠标左键拖动，就可以查看照片的其他区域。

这里会存在一个问题，即在使用其他工具时，如果要观察不同的区域，又不能退出当前使用的工具，这时可以按住键盘上的空格键，此时会暂时切换为"抓手工具"状态，单击并按住鼠标左键拖动就可以显示不同的区域，松开鼠标则自动切换回之前使用的工具，这样非常方便。

比如，正在使用"套索工具"建立选区，且选区建立到一半时，若要观察照片的不同区域，这时如果在工具栏中选择"抓手工具"，那么建立选区的操作就会中断，所以说此时是不能在工具栏中选择"抓手工具"的。按住键盘上的空格键，鼠标指针就可变为抓手状态，在工作区单击并按住鼠标左键拖动就可以显示其他区域。再次松开鼠标之后，软件就会自动切换回选区建立工具，之前建立的选区和工具的状态都不会受到影响。

快速放大与缩小鼠标指针

在使用画笔工具进行蒙版操作或其他操作时，如果要调整鼠标指针直径的大小，可以在上方选项栏中打开画笔工具直径设置面板，在其中改变笔触的大小，当然也可以在工作区单击鼠标右键，打开这个参数调整面板，然后拖动滑块或输入参数进行更改，但这种操作比较麻烦，会耗费较多时间。

实际上有一种非常简单的方法，可以帮人们快速缩放鼠标指针大小。具体操作时，要将输入法切换为英文状态，在键盘上按"［"或"］"键，就可以调整画笔直径的大小。

前景色与背景色的设置

在工具栏下方有两个色块，分别是前景色与背景色，设置前景色可以为"画笔工具"等设定颜色，设定背景色，则可以让用户很轻松地使用"渐变工具"等操作。设定前景色与背景色的操作非常简单，将鼠标指针移动到工具栏下方两个色块中上方的前景色色块上单击，就可以打开"拾色器"对话框，在其中可以设置前景色。设定背景色时，单击工具栏下方两个色块中位于下方的背景色色块，打开"拾色器"对话框，即可在其中进行设置。

在"拾色器"对话框的标题栏中可以看出用户当前打开的是背景色还是前景色设置对话框，下方示例图中打开的是背景色设置对话框。然后在色块右侧的色条上上下拖动，可以选择自己想要的主色调，然后在左侧选择具体的颜色。当然也可以在这个对话框右侧设置不同的 RGB 值来进行配色。要设置 RGB 的颜色值，可能需要摄影师有非常熟练的软件应用能力。

实际上，对于前景色与背景色的设置，设置为纯白色与纯黑色的情况是比较多的。设置为纯白色时，只要按住鼠标左键向色块左上角拖动即可；如果要设置为纯黑色，则按住鼠标左键向左下角拖动即可。设置好之后，单击"确定"按钮，即完成了前景色或背景色的设置。

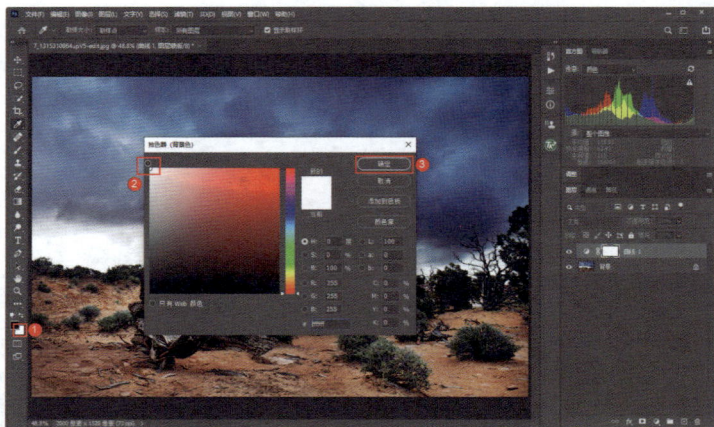

第 5 章

Photoshop 重点工具的使用技巧

本章将详细介绍在 Photoshop 软件中进行数码照片后期处理时较为常用的工具及使用技巧。

污点修复画笔工具，直接涂抹修掉瑕疵

在 Photoshop 中打开照片后，在左侧的工具栏中单击污点修复画笔工具组，并按住鼠标左键不松开，会展开工具列表，在其中选择"污点修复画笔工具"。然后在照片画面中单击鼠标右键，弹出画笔调整面板，在其中可以设置"大小""硬度"等参数。一般来说，"硬度"不宜调为 0，也不宜调为最高，笔者个人比较习惯使用 35% 左右的硬度。"大小"则要根据污点的大小进行适当的调整。这里有一个技巧，即设置好"硬度"之后，对"大小"暂时不做调整，然后将输入法切换为英文状态，在键盘上按"［"或"］"键，就可以调整画笔的大小。

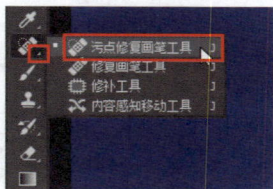

对于照片右下角的木杆，可以缩小画笔直径到合适的大小，然后涂抹木杆将其去除。

修复画笔工具，模拟正常区域覆盖瑕疵

　　在污点修复画笔工具组中，第 2 个工具是"修复画笔工具"，需要用户在正常像素位置进行取样，然后用正常位置的像素来填充一些污点或瑕疵区域。

　　具体使用时，按住键盘上的"Alt"键，在将要修复的瑕疵周边单击，此时鼠标指针会发生变化。单击取样之后，再将鼠标指针移动到要修复的瑕疵上。这里要修复这个白点，缩小画笔直径之后在白点上单击，就可以将这个污点修掉，这与"仿制图章工具"的用法基本一致。

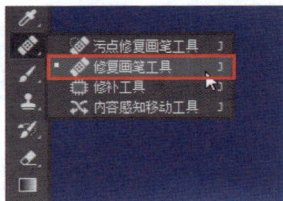

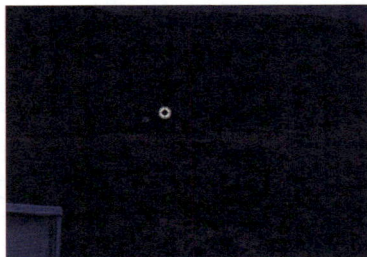

修补工具，用正常区域覆盖瑕疵

在污点修复画笔工具组中，第 3 个工具是"修补工具"。选择"修补工具"之后，用鼠标圈选出要修补的区域，在此例中，要将这两根电线杆从画面中去除。

将其圈出来之后，将鼠标指针放到建立的选区上，按住鼠标左键向右侧没有电线杆的区域拖动，那么软件会用拖动到的位置的正常像素来填充电线杆位置的像素，也就是将电线杆遮挡住。这样就完成了修复，可以看到修复效果还是非常理想的。

内容感知移动工具，改变目标的位置

污点修复画笔工具组中的最后一个工具是"内容感知移动工具"，这个工具的用途非常广泛，下面来进行介绍。首先打开"历史记录"面板，在其中单击最后一次使用"修复画笔工具"的操作记录项，这样就回到了使用"修补工具"之前的状态，两根电线杆被还原了。这时再选择"内容感知移动工具"。

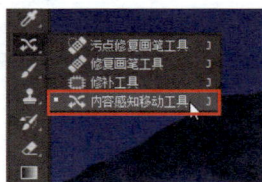

接下来在电线杆一侧有正常像素的区域进行圈选，圈选的区域要大于电线杆所覆盖的区域。圈选出来之后，将鼠标指针移动到选区内，按住鼠标左键将这个选区里的像素移动到电线杆区域，将其覆盖。

拖动到合适位置之后，还可以将鼠标指针移动到四周的调整线上进行拖动，改变拖动区域的大小。然后松开鼠标，按键盘上的"Enter"键，这样就用正常的像素覆盖了要修补的瑕疵区域。可以看到，修补的效果也是非常理想的。实际上，之所以说"内容感知移动工具"功能非常强大，还在于我们可以用这种方法复制天空中的一些飞鸟、地面上的一些动物等，并且还可以对复制出的新元素进行翻转，或者调整大小。

仿制图章工具，用正常区域覆盖瑕疵

接下来再看"仿制图章工具"。"仿制图章工具"与"修复画笔工具"是非常相似的，不同点在于前者完全复制正常像素来覆盖瑕疵，而后者是从正常区域采样，并经过计算混合后再覆盖瑕疵。

选择该工具后，可以尝试用该工具修掉画面右下角的另一面旗子。首先将鼠标指针移动到旗子旁边正常像素的位置，按住"Alt"键单击，进行取样，然后松开鼠标，再将鼠标指针移动到旗子上单击，按住鼠标左键拖动，这样就可以用正常的像素来填充有瑕疵区域的像素，从而完成修补的效果，最终修复效果也是非常理想的。

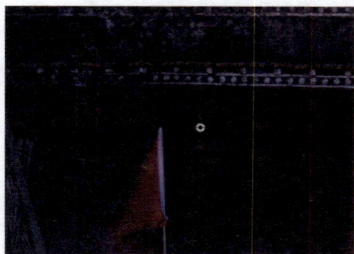

画笔大小、硬度的设置

下面介绍"画笔工具"的使用方法。在工具栏中，单击"画笔工具"并按住鼠标左键不动，可以展开"画笔工具"组，然后在其中选择"画笔工具"即可。

选择"画笔工具"之后，在上方的画笔工具选项栏中，单击下三角按钮，可以展开画笔参数设置面板。在上方的选项栏中可以设置画笔的"不透明度"和"流量"。一般来说，在摄影后期中，画笔的"不透明度"要设置得低一些，这样后续的修图效果会更加自然。"流量"也可以适度降低。至于画笔的"大小"和"硬度"，与之前介绍的"污点修复画笔工具"的"大小"和"硬度"基本一致。将画笔的"硬度"降为最低时，可以看到下方的"常规画笔"列表中默认选择的是"柔边圆"。如果选择"硬边圆"，那么上方的"硬度"参数会自动变为 100%。当然，要调整画笔的参数，还可以在工作区单击鼠标右键，也可以打开画笔参数调整面板，在其中调整画笔大小和硬度等。

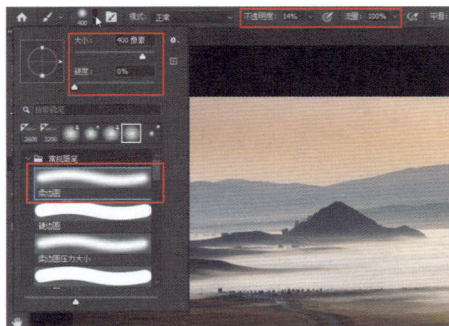

画笔工具与空白图层，提亮或压暗照片局部

下面通过一个具体的案例来介绍"画笔工具"的几种常用方法。首先介绍如何利用"画笔工具"来调整照片局部的明暗。在"图层"面板下方单击"创建新图层"按钮，创建一个新的空白图层。然后在工具栏下方单击"前景色"色块，在弹出的"拾色器"对话框中将鼠标指针移动到左上角单击，这样可以将"前景色"设置为纯白色，然后单击"确定"按钮。选择"画笔工具"，在选项栏中将"不透明度"降为 10% 左右，并适当降低"流量"的值，然后在照片中想要提亮的位置轻轻涂抹，就可以看到想要提亮的位置被轻微地提亮了，这样的效果是非常自然的。

对于想要压暗的区域，可以将"前景色"设置为黑色。并为"画笔工具"设置很低的"不透明度"，然后在照片中想要压暗的位置进行涂抹，则可以将这些位置再次压暗，这是结合使用"画笔工具"与空白图层的方法。

110

吸管工具，吸取某个位置的色彩

　　实际上，在使用"画笔工具"时，它经常要与"吸管工具"结合起来使用。在本例中，画面左下角是没有平流雾的，结合"画笔工具"与"吸管工具"，可以制作出非常好的平流雾。

　　首先再次创建一个空白图层。在工具栏中选择"吸管工具"，并将鼠标指针移动到平流雾的边缘单击，吸取颜色。之所以再次取色，是因为可以用这个位置的平流雾颜色来填充左下角没有平流雾的区域。也就是说，要在左下角绘制这个颜色的平流雾。此时可以看到前景色变为了取样位置的颜色。

下载第三方画笔，制作平流雾效果

　　如果要用"画笔工具"绘制流云或平流雾，选择一般的画笔是不行
的，需要在画笔列表中选择一些第三方的画笔样
式，这里选择的是"后期强流云 03"。当然，类似
于这种画笔样式在网上有很多的素材可供人们下
载，下载之后将其放在合适的文件夹中，就可以载
入 Photoshop。

　　选择画笔后，缩小画笔直径，然后降低画笔的
"不透明度"，在左下角没有平流雾的位置拖动鼠
标进行涂抹，就可以制作出平流雾效果了。

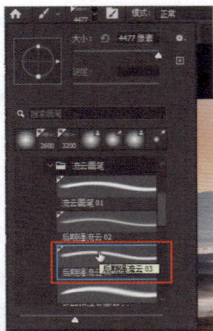

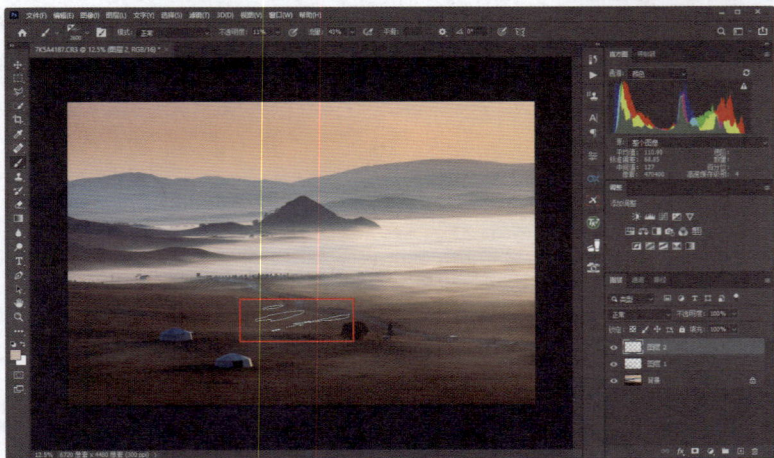

加深工具，压暗局部

接下来介绍近年来非常流行的工具——"加深工具""减淡工具""海绵工具"。

选择"加深工具"后，用鼠标在想要压暗的位置涂抹，可以将涂抹的位置压暗。

在上方的选项栏中，将"范围"设置为"中间调"，并将"曝光度"设置得低一些，一般不超过15%。之所以设置"范围"为"中间调"，是因为想要压暗的位置，特别是左下角，是一般亮度区域，并不是最黑的位置，也不是最亮的位置，所以选择"中间调"是比较合理的。也就是说，将要对中间调区域进行调整。设置完成后，用"画笔工具"在左下角想要压暗的位置涂抹，这些位置就会被加深，也就是被压暗。

减淡工具，提亮局部

　　在使用"加深工具"与"减淡工具"时，一般调整效果不要太强烈，这样才能让调整效果更加自然。接下来介绍"减淡工具"。"减淡工具"与"加深工具"正好相反。选择"减淡工具"后，用鼠标在想要提亮的位置涂抹，可以将涂抹的位置提亮。

　　首先选择"减淡工具"。这里主要是想提高右侧平流雾区域的亮度，让这些区域更亮一些，同时提高画面左上角的亮度，因为这是光线照射入画面的位置，这个区域也应该亮一些，所以依然要降低"曝光度"的值。因为要调整的区域亮度是非常高的，因此要设置"范围"为"高光"，然后使用"画笔工具"在这两个区域涂抹，就可以将这两个区域轻微地提亮，从而进一步增强画面的反差，让画面更加通透。

海绵工具，降低局部色彩饱和度

接下来介绍"海绵工具"，该工具主要用于降低色彩饱和度，让这些位置的色彩饱和度变得合理。

选择"海绵工具"后，在选项栏中设置"模式"为"去色"，并将"流量"的值设置得低一些，一般不要超过 10%，这里设置为 5%。因为设置得越低，它的去色效果会更加自然，可能强度没有那么高，但是只要多拖动几次，就可以实现一定的效果。如果设置得太高，那么去色效果就特别明显，去色位置与周边位置的衔接融合过渡就不会太理想。然后在地景区域涂抹，降低该区域的色彩饱和度，对其进行去色。因为如果地面的饱和度过高，那么画面的色彩层次就会显得有些失真，不够自然。

第 6 章
数码后期四大基石之图层的应用

　　Photoshop 中有四大功能始终贯穿于整个数码照片后期处理过程，分别是图层、蒙版、选区和通道。这 4 种功能通常无法单独实现复杂的特效，但与其他调色或影调调整功能结合起来，就能实现非常完美的效果，可以说这 4 种功能是数码照片后期处理的四大基石。本章将介绍图层的应用技巧，为后续的学习打下良好的基础。

图层的作用与用途

在 Photoshop 中打开一张照片，在界面右下角的"图层"面板中可以看到该照片所在图层。

所谓的图层，是一种可以对照片特定部分进行独立编辑处理的载体。当对这张照片进行了更换天空背景的处理后，可以看到在"图层"面板中出现了更多的图层，每个图层可以实现不同的功能。

第 1 个图层对应的是在照片中添加的文字，也就是说，图层有像素图层，也有文字图层，甚至还有其他的调整图层。第 2 个图层是更换的天空背景。第 3 个图层名为前景光照，它解决的是地景与天空的光线协调问题。第 4 个图层为前景色图层，它解决的是地景色调与天空色调的协调问题。第 5 个图层就是最初打开的原始照片，也是原始图层。

这 5 个图层既彼此独立又相互组合，最终让照片呈现出了完全不同的效果。

图层不透明度与填充

要处理某个图层的信息，首先要在"图层"面板中选中这个图层。选中之后要适当弱化文字的效果，因为现在画面中的文字过于明显，干扰到了画面整体的表现。单击文字图层，降低这个图层的不透明度，可以看到图层的显示效果变弱，这是图层不透明度的功能。

在"图层"面板中还有一个"填充"选项。大部分情况下，调整"填充"的百分比与调整"不透明度"的效果是一样的。但是，两者也有一定的区别，如果图层有一些特殊样式，当调整图层的不透明度时，那么样式的不透明度也会跟着降低；但如果调整填充，那么只有原有的图层信息不透明度会发生变化，而样式不会发生变化。

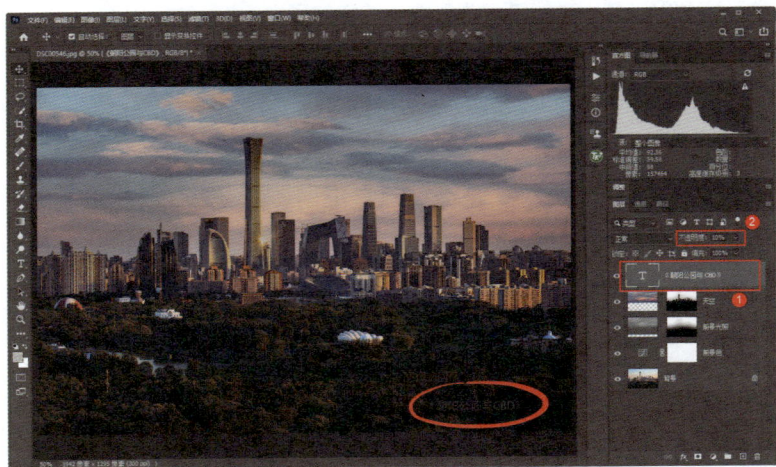

复制图层

对于图层的操作，除了新建图层、删除图层，实际上还可以对原图层进行复制或剪切等操作。本例照片的地景稍稍有些凌乱，如果对其进行一定的柔化处理，地景会更加干净。

要单独处理地景，首先单击"背景"图层，然后按键盘上的"Ctrl+J"组合键复制出一个"背景 拷贝"图层。

提示：如果通过按"Ctrl+J"组合键的方式复制图层，并且图层上有选区，那么复制的将是选区之内的内容；而如果通过右键快捷菜单来复制图层，那么无论有无选区，都会复制整个图层的内容。

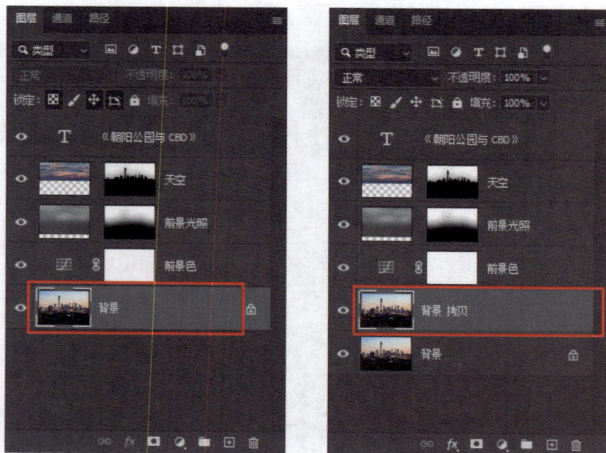

图层与橡皮擦工具搭配

接着之前的操作，选中复制的图层，然后对这个图层进行"高斯模糊"处理。选中这个模糊的图层，降低它的不透明度，这样地景得到模糊处理，变得干净了很多。

由于建筑部分并不是想要模糊处理的区域，因此这时可以选中这个复制的图层，在工具栏中选择"橡皮擦工具"，缩小画笔直径，将"不透明度"的值调到最高，将上方模糊图层的建筑部分及天空部分擦除，这样就可以确保模糊操作只影响地面的公园区域，画面整体的叠加效果变得更加理想。

图层混合模式

在"图层"面板中选中"前景光照"图层，在"图层"面板上方可以看到"正片叠底"这种叠加方式，这是一种图层混合模式。所谓图层混合模式，是指图层叠加的一种方式。

一般来说，打开图层混合模式下拉列表，可以看到 6 组 20 多种不同的图层混合模式。

第 1 组是正常的图层叠加模式；第 2 组是变暗类混合模式，也就是上方叠加上图层之后，改为这一组当中的某一种混合模式，照片会变暗；第 3 组是变亮类混合模式；第 4 组是强化反差类图层混合模式，为图层设置为这类混合模式之后，照片的反差（即对比度）会变高；第 5 组是比较类图层混合模式，简单来说，它通过比较上下两个图层，对像素明暗进行相减或分类等操作，从而实现不同的效果；第 6 组是色彩调整类混合模式，通过设置不同的混合模式，可以实现画面色彩的改变。

在实际的应用过程中，使用比较多的混合模式主要有变亮、滤色、正片叠底、叠加，以及明度、颜色等。

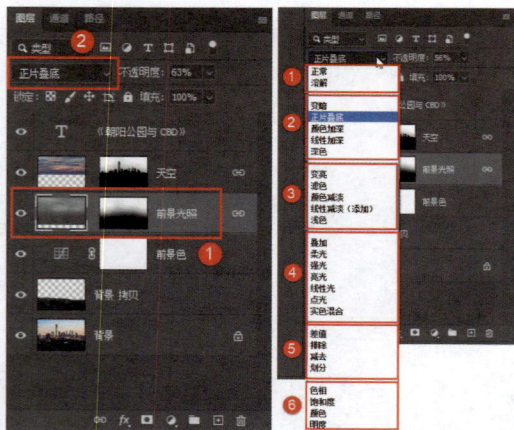

盖印图层

照片整体处理完成之后，接下来可以进行一些细节的优化。当前照片前景的公园中有一些路灯，呈现在照片中是星星点点的白点，这些星星点点的白点会让画面显得比较乱，因此可以修掉或消除这些路灯，但当前上方有众多其他图层，不方便操作，所以可以先将之前所有的图层合并为一个图层。此时按键盘上的"Ctrl+Alt+Shift+E"组合键盖印图层，生成"图层 1"图层，这个图层称为盖印图层，它就相当于压缩之前所有的图层，形成了一个单独的图层。

在工具栏中选择"污点修复画笔工具"，然后缩小画笔直径，在地景上有路灯的位置单击，并按住鼠标左键拖动涂抹，就可以消除这些干扰，这样这张照片的整体处理基本完成了。

图层的3种常见合并方式

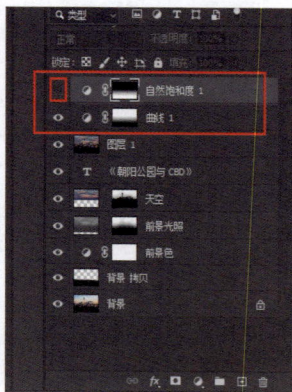

修复地面上的干扰物之后，可以再次对照片进行一些轻微的调整，对画面效果进行优化。处理完成之后，观察图层的分布，可以发现有一些图层左侧有小眼睛图标，这表示图层处于显示状态，没有小眼睛图标表示图层处于隐藏状态。

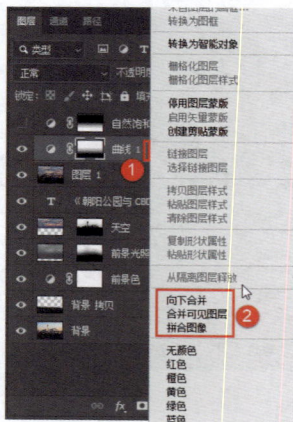

照片处理完成之后，在保存照片之前，可以先将图层合并。合并图层时，在"图层"面板中某个图层的空白区域单击鼠标右键，在弹出的快捷菜单中可以看到"向下合并""合并可见图层""拼合图像"3个命令。"向下合并"表示将该图层合并到它下方的一个图层上；"合并可见图层"表示只合并处于显示状态的图层，隐藏的图层则不参与合并；"拼合图像"则表示拼合所有的图层。当然，不拼合图层也可以保存照片，但中间会弹出提示框，并且默认的保存格式是 PSD。

栅格化图层

有时大家打开的文件中，图层中的内容可能是一些智能对象或一些其他的图层样式，包括矢量图等，此时如果要转为正常的像素图进行后期处理，可能需要对图层进行栅格化。所谓栅格化，是指将智能对象、矢量图等转化为像素图。

具体操作时，在"图层"面板中的图层空白处单击鼠标右键，在弹出的快捷菜单中选择"栅格化图层"命令即可。

第 7 章
数码后期四大基石之选区的应用

　　进行数码影像后期处理时，可能会面临比较复杂的场景，仅利用全局调整很难实现完美的效果。这时，大家可以借助选区对照片的局部进行选择，从而实现对特定区域的调整。此外，借助选区，还可以实现抠图等操作。

什么是选区，有什么用途

对照片的后期处理，除了对全图的调整，可能还需要进行一些局部的调整，而且进行局部调整如果有选区的帮助，后续的操作会更加方便。所谓选区，是指选择的区域，在软件中它会以选区线（也称为"蚂蚁线"）的形式将选择的区域显示出来，这样用户就可以只对选区内的部分进行操作。

建立选区后，选区周围会显示蚂蚁线。以下面这张照片为例，将选区建立在天空部分时，因此天空周边就会出现不断闪烁的蚂蚁线来标识选区范围。

反选选区，快速改变选择的区域

如果此时要选择地景，那么没有必要再用选择工具对地景进行选择，可以直接执行"选择"→"反选"命令。通过这种反向选择，可以选择原选区之外的区域，即选择了地景。

当然，也可以按键盘上的"Ctrl+Shift+I"组合键来反选选区。

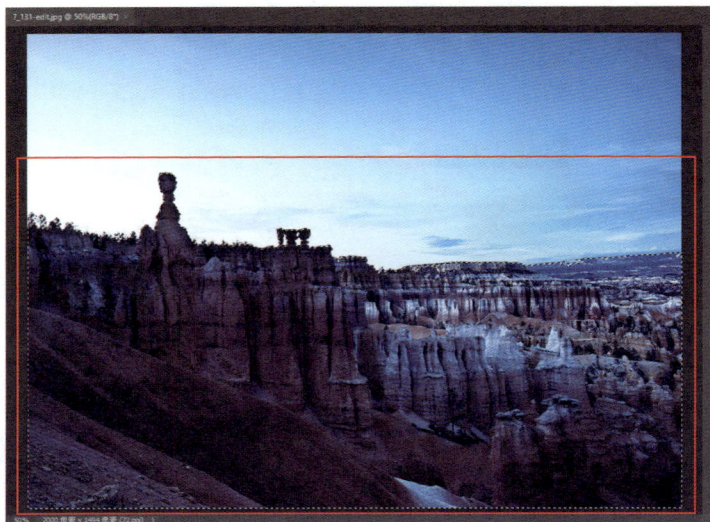

规则的几何选框工具

建立选区要使用选择工具，选择工具主要分为两大类，一类是几何选区工具，另一类是智能选区工具。

先来看几何选区工具。在工具栏中打开"矩形选框工具"组。这组工具中有"矩形选框工具"和"椭圆选框工具"两种工具。这两种工具在平面设计中用得多，摄影后期处理中的使用频率比较低，但是借助这两种工具，却可以让大家更直观地理解选区的一些功能。本例中选择"矩形选框工具"，然后在照片当中单击并按住鼠标左键拖动，就可以拉出一个矩形选框，也就是建立了一个矩形选区。

如果按住键盘上的"Shift"键进行拖动，则可以拖出一个正方形选区。如果选择的是"椭圆选框工具"，那么按住"Shift"键拖动时，建立的就是一个正圆形选区。

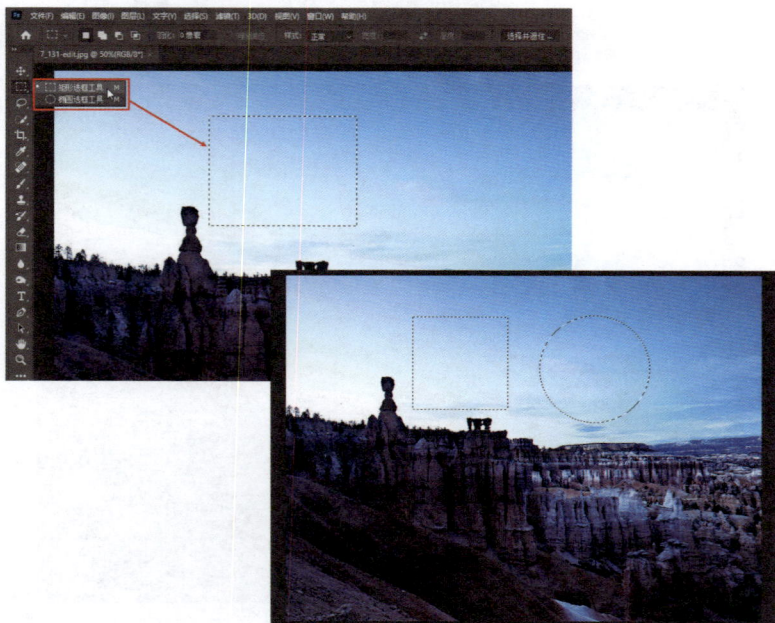

套索工具与多边形套索工具

对于几何选区工具，在摄影后期处理中使用更多的是"套索工具"和"多边形套索工具"。

选择"多边形套索工具"之后，在照片中单击会创建一个锚点，松开鼠标后，选区线会始终跟随鼠标指针，移动到下一个位置之后单击，会再创建一个锚点。当创建多个锚点之后，如果将鼠标指针移动到起始位置，那么鼠标指针右下角会出现一个圆圈，表示此时单击可以闭合选区，单击闭合选区即可，最终建立以蚂蚁线为标记的完整选区。

如果要取消某个锚点，可以单击该锚点，按键盘上的"Delete"键将其删除。

至于"套索工具"，其使用方法是按住鼠标进行拖动，如同手绘一般勾勒出选区的轮廓。

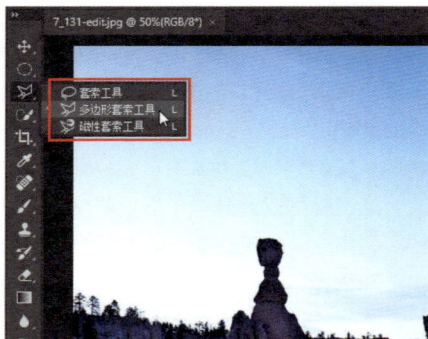

选区的布尔运算

在默认状态下，在工作区中只能建立一个选区，如果要进行多个选区的叠加，或者从某个选区当中减去一片区域，那么就需要使用选区的布尔运算。所谓选区的布尔运算，是指选择选区工具之后，在选项栏中单击不同的按钮对选区进行加减。本例先为地景建立选区，但选区的边缘并不是特别准确，有一些边缘不是很规则的区域被漏掉了。

这时就可以通过单击选项栏中的"从选区减去"或"添加到选区"按钮，利用这两种不同的运算方式来调整选区的边缘。具体操作：在工具栏中选择"多边形套索工具"，然后在选项栏中单击"添加到选区"按钮来执行布尔运算。

在选区的边缘创建选区，将漏掉的部分包含进创建的这个较大的选区之内。完成选区建立之后，即可将这些漏掉的部分添加到选区之内。

经过调整就可以看到，选区边缘变得更准确了，这是选区的运算方式。

与"添加到选区"相反，对于过多包含进来的选区，可以用"从选区减去"这种运算方式进行调整。

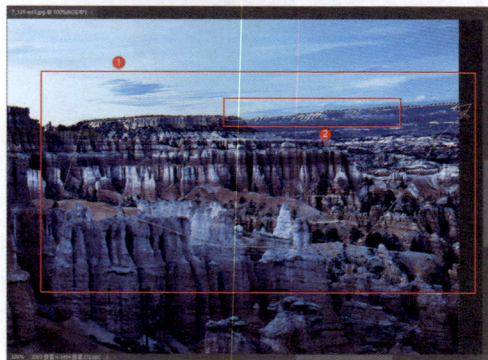

如何使用魔棒工具

　　首先来看"魔棒工具"。如果要为下面这张照片的天空建立选区，在工具栏中选择"魔棒工具"，在上方的选项栏中单击"添加到选区"按钮，设定"容差"为 30。默认情况下设定 30 左右的容差值会比较合理，很多照片设定这个容差值都有比较好的选择效果。

　　"容差"是指用户所选择的位置与周边的色调相差度。比如单击的位置亮度为 1，如果设定"容差"为 30，那么单击这个位置之后，与该位置亮度相差 30 之内的区域都会被选择进来，亮度相差超过 30 的区域则不会被选择。

　　"连续"是指用户建立选区是连续的区域，不连续的一些区域则不会被选择。

　　在天空位置单击，即可快速为一片区域建立选区。也就是说，与用鼠标单击的位置的亮度差值在 30 以内连续的区域都会

被选择进来。因为是"添加到选区"，继续用鼠标在未建立选区的位置单击，通过多次单击，即为天空建立了选区。

利用其他工具帮助完善选区

　　针对有些区域被漏掉的情况，可以选择"套索工具"，在选项栏中单击"添加到选区"按钮，快速将漏掉的区域包含进来，这样就完善了选区。

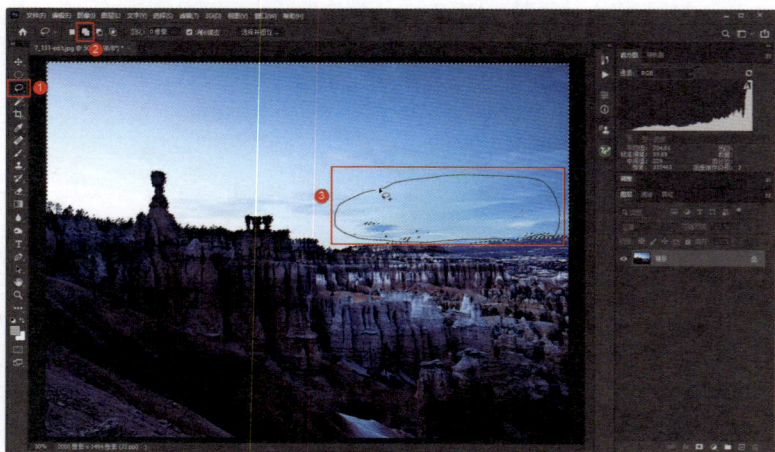

如何使用快速选择工具

接下来再看"快速选择工具"。"快速选择工具"也是一种智能工具，具体使用时，将鼠标指针移动到用户要选择的位置单击，按住鼠标左键进行拖动，就可以快速为与拖动位置相差不大的一些区域建立选区。它主要用于为一些连续的区域建立选区，并且对一些边缘的识别精准度不是特别高，需要结合其他工具进行一定的调整。建立选区之后，就可以对选择的区域进行调整了。如果要取消选区，按键盘上的"Ctrl+D"组合键即可。

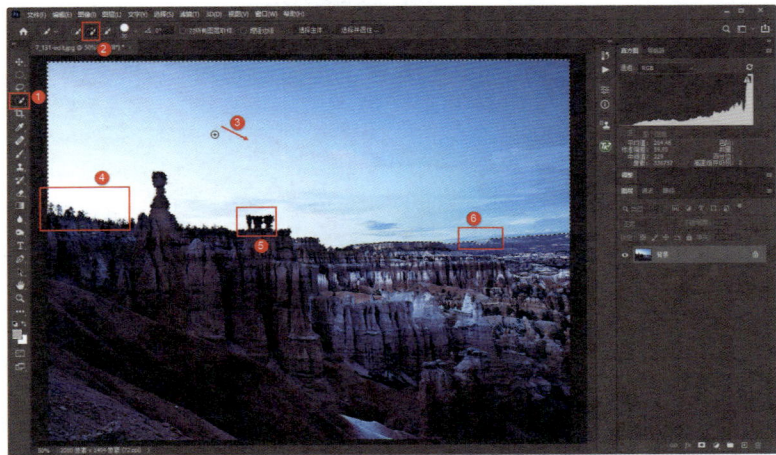

利用常用快捷键建立选区

在实际应用中，人们还经常会借助键盘上的快捷键来建立选区，这样比较快捷、方便。比如，若要选择整个画面，不必使用工具，直接按键盘上的"Ctrl+A"组合键即可全选画面，为整个画面建立选区。

有时候，要选择照片中的高光部位，为高光建立选区，以待后续应用，此时按"Ctrl+Alt+2"组合键就可以了。"Ctrl+Alt+3""Ctrl+Alt+4""Ctrl+Alt+5"组合键分别是以红、绿和蓝通道明暗分布为基础来建立高光选区的。

关于通道的相关知识，后续章节会详细介绍。

如何使用"色彩范围"功能

首先在 Photoshop 中打开要建立选区的照片。

执行"选择"→"色彩范围"命令，打开"色彩范围"对话框。

鼠标指针变为吸管状态。用吸管单击要选取的区域中的某一个位置，这样与该位置明暗及色彩相差不大的区域都会被选择出来。

在"色彩范围"对话框下方的预览图中会出现黑色、白色或灰色的区域，其中白色区域表示完全被选中的区域，灰色区域表示部分被选中的区域（即具有一定透明度的选区），而黑色区域表示未被选中的区域。

以灰度状态观察选区

如果感觉在"色彩范围"对话框中观察不够清楚，那么可以在对话框下方的"选区预览"下拉列表中选择"灰度"选项，让照片以灰度的形式显示在工作界面中，从而极大地方便我们对选区进行细致观察。

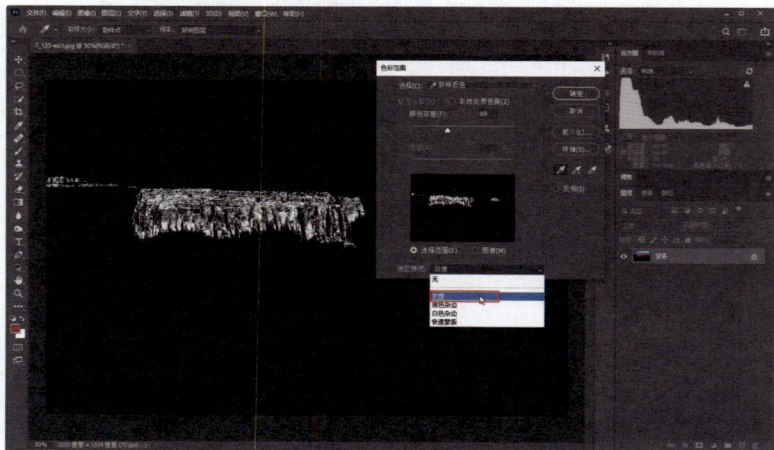

"色彩范围"对话框

在"色彩范围"对话框中，"选择"下拉列表中有多个选项，用户可以直接选择不同的色系，还可以选择"中间调""高光""阴影"。选择"高光"或"阴影"之后，可以直接选择照片当中的最亮像素或是最暗像素。"中间调"是指选择照片中处于高光和阴影之间亮度范围的像素。

颜色容差的作用

如果感觉使用"色彩范围"功能选择的区域不够准确，可以调整颜色容差。颜色容差用于扩大或缩小用户所选定的范围。其原理实际上很简单，就是先在照片中单击，选定一个点，调整颜色容差时，软件会查找整个照片，将与所选点的明暗及色彩相差在所设定的值范围（即颜色容差值）之内的像素也选择出来。从这个角度来说，颜色容差值越大，所选择的区域也会越多；反之，选择的区域则越少。

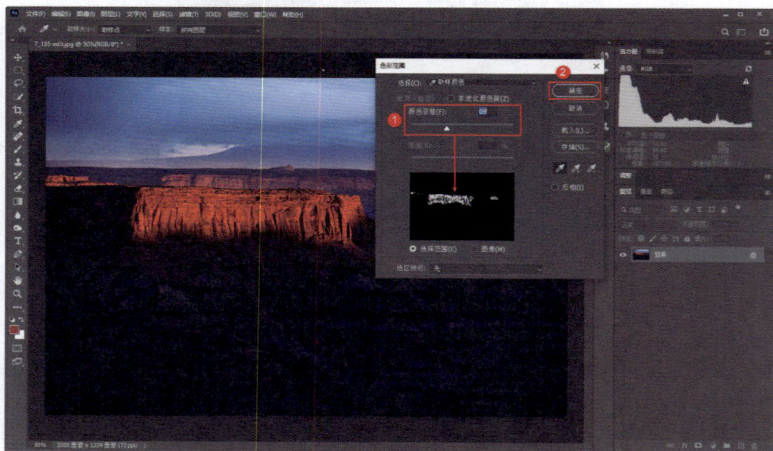

选区的50%选择度

这里有一个问题，从选区预览中可以看到，有些区域是灰色的，并非纯黑或纯白。

此时建立选区，可以发现有些灰色区域显示了选区线，有些区域则不显示选区线。

实际上，无论是否显示选区线，只要是灰色区域，都处于部分选择的状态。是否显示选区线，取决于"色彩范围"对话框中灰色区域的灰度，如果它的亮度超过了 50% 的中间线，也就是 128 级亮度，那么就会显示选区；如果亮度不高于 128 级，则不显示选区线。返回主界面之后是看不到选区线的。

利用"天空"命令快速选取天空

在 Photoshop 2021 中，"天空"是新增加的一个创建选区的命令。也就是说选择该命令之后，软件自动识别照片当中的天空，并为天空建立选区。这个命令的功能是非常强大的，并且 Photoshop 2021 一键换天的功能也是以这个命令为基础来实现的，它的使用非常简单。

在 Photoshop 中打开照片。执行"选择"→"天空"命令。

这样在 Photoshop 主界面中可以看到天空被选择了出来。通过远处的飞机可以看出，虽然选区线只有部分被显示出来，但实际上机翼部分也处于选区当中，只是没有显示选区线。

从整体来看，"天空"这种 AI 选区工具是非常强大的，也非常准确，大部分情况下比人们手动选择要方便、快捷，甚至是准确。

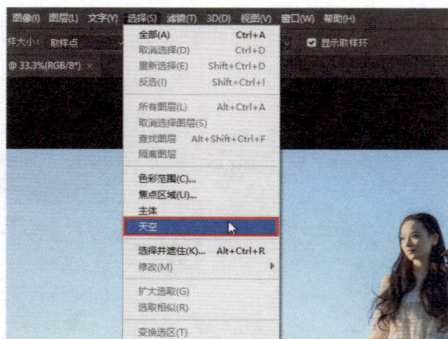

选区的羽化，让选区边缘更柔和

直接借助常规选区工具建立选区后，选区边缘是不够柔和的，因为建立选区之前人们并没有提前设定选区的羽化值。这时，可以对建立后的选区进行羽化。所谓羽化，主要是指调整选的边缘，让边缘以非常柔和的形式呈现。

在工具栏中随便选择一种选区工具，然后在选区内单击鼠标右键，在弹出的快捷菜单中选择"羽化"命令，打开"羽化选区"对话框，在其中设置"羽化半径"为 2，然后单击"确定"按钮，这样就对选区的边缘进行了一定的羽化。

这时如果用"橡皮擦工具"擦掉天空部分，可以发现天空与地景的过渡会很柔和，这种柔和的过渡会让画面的抠图效果看起来更加自然。

选区的边缘调整

　　建立选区后，在某种选择工具状态下单击"选择并遮住"按钮，会进入一个单独的选择并遮住调整界面，在该界面中可以对选区边缘进行调整。

　　在这个界面中，左侧工具栏中的第二个工具为"自动识别边缘"，对于选区边缘不够准确的选区，可以选择该工具，然后使用该工具在选区边缘进行涂抹和擦拭，软件会再次识别边缘，这可能让原本抠图不是很精确的边缘部分变得更加精确。

　　在右侧的界面中，"视图"这个功能没有太大的实际意义，它主要用于让用户设置以哪一种方式显示选区，这里设置的是洋葱皮显示方式，可以看到选区内的部分是白色与灰色相间的方格。

　　"半径"是指选区线两侧像素的距离，"半径"为 1，那么选区线两侧各 1 像素的范围会被检测，半径值越大，越容易快速查找某些景物的边缘并建立选区，但是有可能选区不太准确，因为所能查找的一些景物边缘过多，有可能识别错误。

　　"智能半径"是指用户建立选区之后，让选区线更平滑一些。

　　"平滑"与"羽化"也用于对选区线整体的走势进行调整，让选区线变得更加光滑，过渡更加自然。

"移动边缘"功能的使用技巧

在"选择并遮住"界面右侧下方还有一个"移动边缘"参数，这个参数非常重要。如果向左移动"移动边缘"滑块，选区会向外扩展。本例选择的是天空，向外扩展之后可以看到人物部分也逐渐被包含到选区之内，扩展到选区之内。如果向右拖动"移动边缘"滑块，则会缩小选区，会让选区更加精确。

怎样将选区保存下来

建立选区之后，如果要保存选区，可以借助"通道"面板来实现。

首先，建立选区，打开"通道"面板。然后单击"通道"面板下方的"建立通道蒙版"按钮，这样可以为选区创建一个蒙版，选区内的部分呈白色，选区之外的部分呈黑色。本例只选择了飞机，要将飞机这个选区保存下来。保存这个选区之后，如果关闭照片，将照片保存为 TIFF 格式，那么下次打开照片时，选区就会完整地保留下来。

怎样叠加多个不同选区

在建立选区时，用户可以通过选区的布尔运算对选区进行相加或相减。实际上，还会涉及另外一个问题，如果一次只建立了一个选区，那么过一段时间之后再建立另外一个选区，但是这两个选区都是分别保存下来的。如果要将两个选区加起来，那么就需要叠加选区。当然，也可以减去某块选区。

首先来看选区的叠加。之前已经为飞机建立了选区并进行了保存，现在又对人物和草地建立了一个选区。

接下来将人物和草地的选区在"通道"面板中保存下来，那么现在照片中就有两个选区。按住"Ctrl"键并单击第一个选区将其选中，然后将鼠标指针移动到第二个选区上，按住"Ctrl+Shift"组合键并单击就可以将第二个选区添加到第一个选区当中，实现选区相加；如果要进行选区相减，只需按住"Ctrl+Alt"组合键，就可以减去第二个选区。

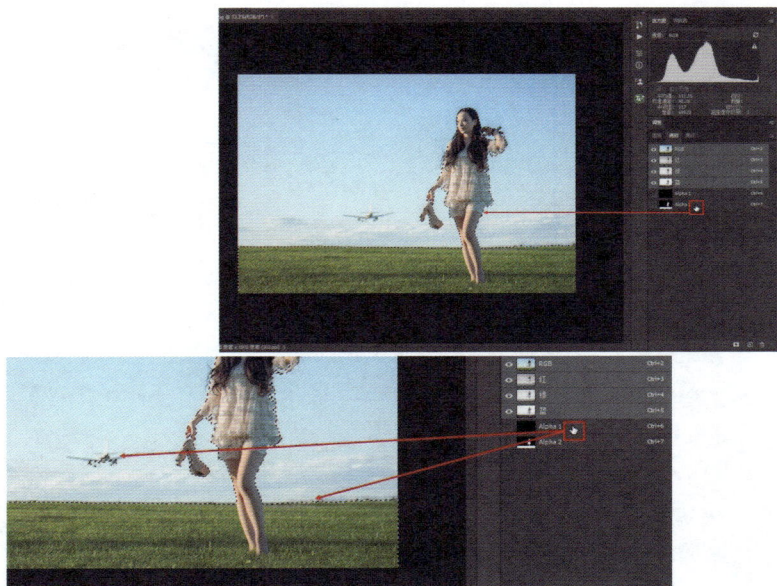

第 8 章

数码后期四大基石之蒙版的应用

借助选区，我们可以对照片的局部进行调整。但这里有一个明显的缺点，即一旦对选区内的部分进行调整，就会改变选区内的像素。像素一旦发生变化，就难以进行再次修改。所以 Photoshop 提供了另外一种可用于限定局部区域的功能——蒙版。本章将介绍蒙版的概念及应用技巧。

蒙版的概念与用途

　　有些关于蒙版的定义将其解释为"蒙在照片上的板子"，其实这种说法并不是非常准确。实际上，蒙版更像是附着在照片上的一层玻璃。当玻璃为白色时，所附着的照片可以显示出来。当玻璃为黑色时，所附着的照片就被隐藏起来，露出下方图层的照片。这里有个关键点，显示或隐藏的目标，一定是所附着的图层（又或者是某种调整）。

　　打开一张照片，在"图层"面板中可以看到图层信息，单击"图层"面板底部的"创建图层蒙版"按钮，为图层添加上一个蒙版。初次添加的蒙版为白色的空白缩览图。

　　将蒙版调整为同时存在白色、灰色和黑色 3 个区域的样式。

　　此时观察画面就会看到，白色部分会显示所附着的照片区域；黑色部分会隐藏所附着的照片区域，露出下方空白的背景；而灰色部分会让所附着的照片区域处于半透明状态。这与使用"橡皮擦工具"直接擦除右侧区域、降低不透明度擦除中间区域所能实现的画面效果是完全一样的。但使用蒙版对照片进行的这种显示和隐藏，原始照片的像素并没有发生变化，只是有些被隐藏了起来。将蒙版删掉，依然可以看到完整的照片，这也是蒙版的强大之处。

利用图层蒙版对照片进行局部调整

这张照片前景的草原亮度非常低，现在要进行提亮。

首先在 Photoshop 中打开照片，然后按"Ctrl+J"组合键复制一个图层，对上方新复制的图层整体进行提亮。然后为上方的图层创建一个蒙版，就可以借助上方的黑蒙版遮挡住天空，用白蒙版露出提亮的上方的图层，这样就实现了两个图层的叠加，相当于只提亮了地景部分。

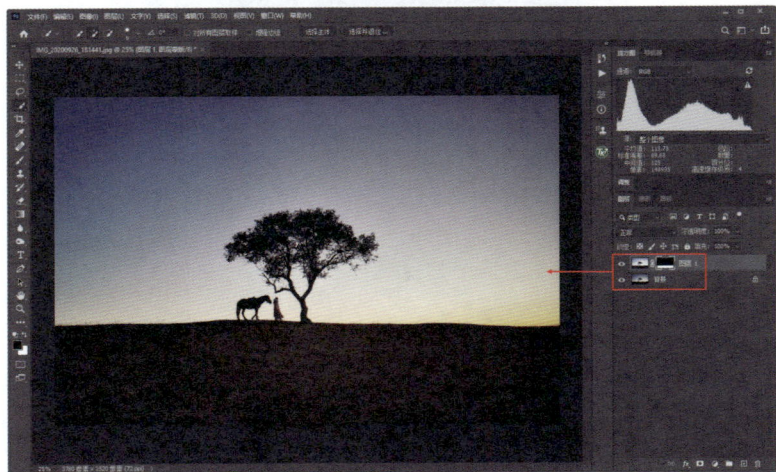

调整图层的用法

　　借助图层和图层蒙版，用户可以实现照片的局部调整，但之前讲的方法比较复杂。下面介绍一种经过简化的更高效的方法，也是人们处理数码照片常用的方法——即使用调整图层修片，一步实现之前复制图层和对新图层提亮等多种操作。具体操作时，打开原始照片，然后在"调整"面板中单击"曲线"按钮，即可创建一个曲线调整图层，并打开"曲线"调整面板。

　　接下来在"曲线"调整面板中调整曲线，这样全图会被提亮。

　　接下来只要再借助黑白蒙版的变化，将天空部分变为黑蒙版遮挡起来，只露出地面部分，就实现了局部调整，这样操作就省去了复制新图层的步骤，相对来说简单、快捷，相当于对之前的操作进行了简化。

白蒙版的使用方法

　　在了解了蒙版的黑白变化之后，下面介绍在实战中黑白蒙版的使用方法。

　　打开一张照片，创建一个曲线调整图层将画面压暗，但这种压暗会导致主体部分也被压暗。

　　如果只想将背景部分压暗，这时就可以选择"渐变工具"或"画笔工具"，将被压暗的人物部分还原出来。擦拭时，将"前景色"设为黑色，这种黑色就相当于遮挡了当前图层的调整效果，也就是说曲线调整这一部分被遮挡起来。从蒙版上可以看到，白色部分会显示当前图层的调整效果，黑色部分被遮挡，这样就将主体人物部分还原出原始照片的亮度了，而背景部分得到压暗。这是白蒙版的使用方法，即先建立白蒙版，然后使用黑色画笔或渐变工具对某些区域进行还原。

黑蒙版的使用方法

　　黑蒙版的使用也非常简单，创建白蒙版之后，按键盘上的"Ctrl+I"组合键，就可以将蒙版进行反向，使其变为黑蒙版，将当前图层的调整效果完全遮挡起来。

　　如果想要某些位置显示出当前图层的调整效果，那么只要将"前景色"设为白色，然后在想要显示的区域涂抹和制作渐变即可。

怎样切换蒙版与选区

通过蒙版的局部调整可以发现，实际上蒙版也是一种选区，因为它能对特定区域进行局部调整。实际上，蒙版与选区是可以随时相互切换的。正如之前的照片，使人物保持原有亮度，将四周压暗，这是通过蒙版来实现的，通过蒙版实现之后，如果要载入选区，只要按住键盘上的"Ctrl"键单击蒙版图标，就可以将蒙版载入选区。当然，载入选区时，要注意蒙版当中白色的部分是选择的区域，黑色是不选择的区域。载入选区之后，蒙版中白色部分对应的区域被建立了选区。

除了这种方式，其实还可以在蒙版图标上单击鼠标右键，在弹出的快捷菜单中选择"添加蒙版到选区"命令，这样也可以将蒙版转换为选区。

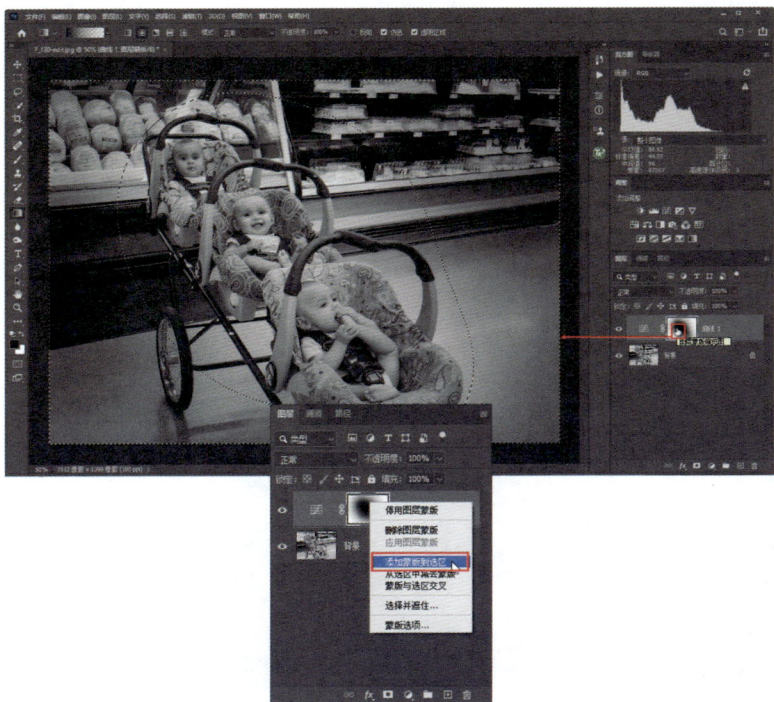

"剪切到图层"的用途是什么

利用调整图层可以对全图进行明暗及色彩的调整，并且是对下方所有图层的叠加效果进行调整。

在实际使用过程中，还可以限定调整图层只对它下方的图层进行调整，而不影响其他图层。比如本例这张照片，从 Photoshop 的图层分布中可以看到，是由天空和地景两个图层拼合而成的。

创建曲线调整图层，向上拖动曲线对画面进行提亮，画面会整体变亮。但是，如果单击点下方的"剪切到图层"按钮，这样就可以将曲线的调整效果只作用到它下方的天空图层，而不是全图都会受影响。操作后可以看到只有天空被提亮了。

如何使用蒙版+画笔工具

　　之前已经介绍过，在使用蒙版时，要借助"画笔工具"或"渐变工具"来进行白色和黑色的切换，下面来看具体的使用方法。依然是这张照片，首先创建曲线调整图层对其进行压暗。

　　接下来在工具栏中选择"画笔工具"，将"前景色"设为黑色，然后适当地调整画笔直径大小，并将"不透明度"设定为 100%，用鼠标在人物上进行擦拭。这样就相当于将白蒙版中人物对应的部分涂抹成黑色，从而遮挡了压暗效果，露出原照片的亮度，这是画笔工具与蒙版组合使用的一种方法。当然在实际使用中，除了将"画笔工具"的"不透明度"设为 100%，还要经常将"画笔工具"的"不透明度"降低，进行一些轻微的擦拭，让效果更自然一些。

如何使用蒙版+渐变工具

除了可以使用"画笔工具"调整蒙版，在实际使用中，也可以将"渐变工具"与蒙版结合起来使用，实现很好的调整效果。首先依然是压暗照片，然后按"Ctrl+I"组合键反向蒙版，这样调整效果就被遮挡起来。

这时在工具栏中选择"渐变工具"，将"前景色"设为白色，将"背景色"设为黑色，然后设定从白到透明的线性渐变，并在四周进行拖动制作渐变，可以从图层蒙版上看到四周变白，显示出当前图层的调整效果。这样最终也可以看到照片四周被压暗，而中间的人物部分依然是黑蒙版，它遮挡了当前的压暗效果，露出的依然是背景图层的亮度。

羽化蒙版，让调整效果变自然

无论是"画笔工具"还是"渐变工具"，制作黑白蒙版之后，白色与黑色区域边缘的过渡如果显得生硬，不够自然，可以双击蒙版图标，打开蒙版"属性"面板。

在其中提高蒙版的"羽化"值，就可以让黑色区域与白色区域的过渡平滑、柔和起来，最终实现让照片明暗影调过渡非常平滑的效果。

第 9 章

数码后期四大基石之通道的应用

　　Photoshop 中的通道记录了照片的色彩、亮度等关键信息，它主要被用于存储照片的色彩资料、存储和创建选区，以及进行抠图操作。通道是 Photoshop 的核心功能之一，通过合理利用通道，用户可以实现照片编辑的各种需求，提升照片处理的效果和效率。本章将介绍 Photoshop 中通道的相关知识。

通道与信息的存储

通道主要用于存储照片的色彩信息，一般情况下，打开 RGB 色彩模式的照片后，切换到"通道"面板，可以看到有 4 个通道，分别为 RGB 彩色通道，以及红、绿、蓝三原色对应的 3 个通道，不同的色彩通道用于存储该种色彩信息。

比如切换到"红"通道，那么从下方的示例图中可以看到，照片中红色成分含量比较高的区域呈白色，没有红色含量的区域会变为黑色。当然，要注意一点，除①②两个位置红色含量比较高之外，③④位置是白色的，但在"红"通道当中也处于高亮显示，这表示通道对应的色彩信息越多，显示的区域越亮，在原照片中，白色区域在任何一个色彩通道中仍然以白色显示。

对于其他通道，信息存储也遵循相同的原理。

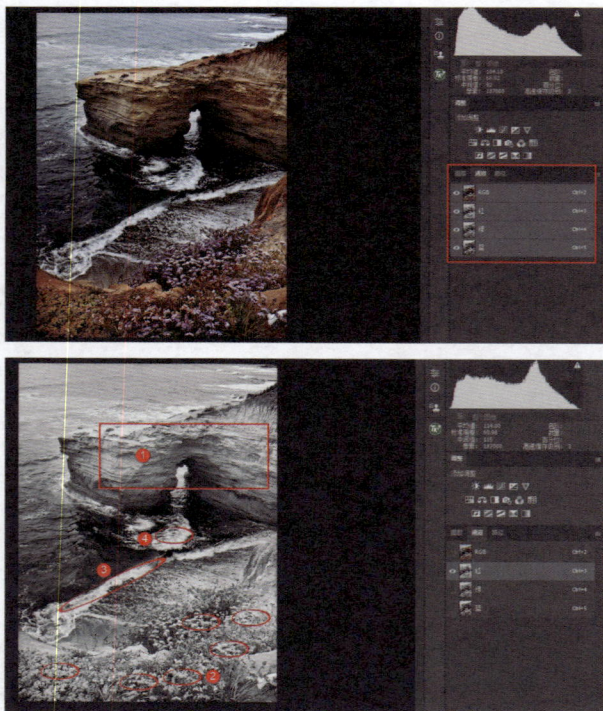

利用通道建立选区

　　前面介绍过，在蒙版中，白色区域表示选择，可以随时与选区进行切换。实际上，在"通道"面板中，可以随时根据通道的黑白状态来建立选区，白色表示选区之内的部分。如果要建立选区，按住键盘上的"Ctrl"键单击任何一个通道，那么该通道当中亮度足够高的区域就会被建立选区。

认识 Lab 颜色模式

Lab 是一种基于人眼视觉原理的一种色彩模式，理论上它概括了人眼所能看到的所有颜色。在长期的观察和研究中，人们发现人眼一般不会混淆红绿、蓝黄、黑白这 3 组共 6 种颜色，这使研究人员猜测人眼中或许存在某种机制用来分辨这几种颜色。于是，有人提出可将人的视觉系统划分为 3 条颜色通道，分别是感知颜色的红绿通道和蓝黄通道，以及感知明暗的明度通道。这种理论很快得到了人眼生理学的证据支持，从而得以迅速普及。经过研究，人们发现如果人的眼睛中缺失了某条通道，就会产生色盲现象。

1932 年，国际照明委员会依据这种理论建立了 Lab 颜色模式。后来，Adobe 将 Lab 模式引入了 Photoshop，将它作为颜色模式置换的中间模式。因为 Lab 模式的色域最宽，所以将其他模式置换为 Lab 模式时，颜色没有损失。在实际应用当中，在将设备中的 RGB 照片转为 CMYK 色彩模式准备印刷时，可以先将 RGB 转为 Lab 色彩模式，这样不会损失颜色细节；最终再从 Lab 转为 CMYK 色彩模式。这也是之前很长一段时间内，影像作品印前的标准工作流程。

一般情况下，人们在计算机、相机中看到的照片，绝大多数为 RGB 色彩模式，如果要印刷这些 RGB 色彩模式的照片，那就要先将其转换为 CMYK 色彩模式。以前，在将 RGB 模式转为 CMYK 模式时，要先转为 Lab 模式过渡一下，这样可以降低转换过程带来的细节损失。现在，在 Photoshop 中可以直接将 RGB 模式转换为 CMYK 模式，中间的 Lab 模式过渡在系统内部自动完成了，人们看不见这个过程。（当然，转换时会带来色彩的失真，可能需要人们进行微调校正。）

Lab模式下的通道

打开照片后，打开"图像"菜单，选择"模式"→"Lab 颜色"命令，可以将照片转为 Lab 模式，切换到"通道"面板，可以看到有 Lab、明度、a 和 b 一共 4 个通道。

其中，a 通道对应红色和绿色，b 通道对应蓝色和黄色。在 Lab 模式下使用曲线进行调整，向上拖动 a 通道的曲线，那么照片会变红，向下拖动则会变绿；向上拖动 b 通道的曲线，照片会变黄，向下拖动则会变蓝。

通过这种方式，也可以对照片进行快速调色。

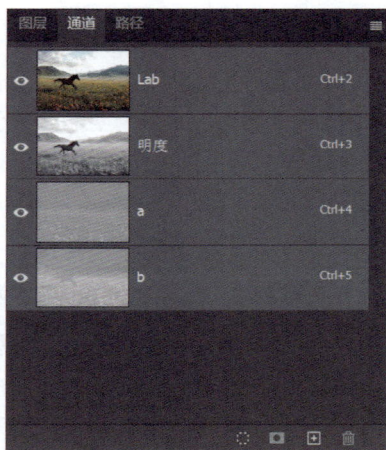

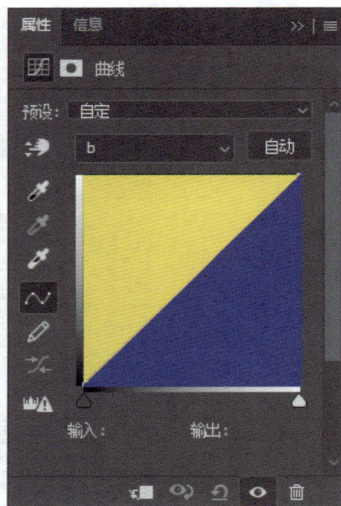

用通道快速选择高光

　　打开一张照片，直接按键盘上的"Ctrl+Alt+2"组合键，可以为照片的亮部建立高光选区。注意，这个高光选区是以彩色照片为基础建立的。

　　通道有一个非常重要的功能，即建立各种不同的选区，然后对这些选区内的部分进行特定的调整。打开照片后，切换到"通道"面板，按住"Ctrl"键单击不同的通道，可以依据不同色彩通道的明暗分布来为照片建立高光选区。用这种方式建立的高光选区与不进入通道直接使用快捷键建立的选区有一定的差别。

快速扩大高光选区

在已经建立的高光选区的基础上，按键盘上的"Ctrl+Alt+Shift+2"组合键，可以扩大这个高光选区，即将一些不是那么亮的区域也添加到选区当中。

此外，还有一种快速扩大高光选区的方法。首先切换到"通道"面板，按住键盘上的"Ctrl"键单击"红"通道，建立高光选区；之后按住键盘上的"Ctrl+Shift"组合键再次单击"红"通道，就可以扩大高光选区。

利用通道选择中间调与暗部

　　如果要选择照片的中间调与暗部，没有简单的快捷键能够一步到位实现，这时可以先建立高光选区，然后按键盘上的"Ctrl+Alt+Shift+2"组合键扩大高光选区。

　　接下来打开"选择"菜单，选择"反选"命令，这样中间调及暗部区域就会被选择出来。

利用通道选择中间调

中间调能够奠定一张照片的基调，进行一些风光题材的后期处理时，经常需要选择中间调选区，然后对中间调选区的对比度进行强化，让画面变得更通透。

建立中间调选区时，首先打开"通道"面板，然后按住键盘上的"Ctrl+Alt"组合键，单击"红"通道，此时可以看到在照片中建立了高光选区。按住"Ctrl+Alt"组合键，再次单击"红"通道，那么会弹出警告提示框，内容为"警告：任何像素都不大于50%选择。选区边将不可见。"也就是蚂蚁线将不再显示，直接单击"确定"按钮，这样就建立了中间调选区。建立选区之后，从照片画面上是看不到选区线的。

之后，创建曲线调整图层，可以直接对中间调进行调整，照片影调也会发生变化。

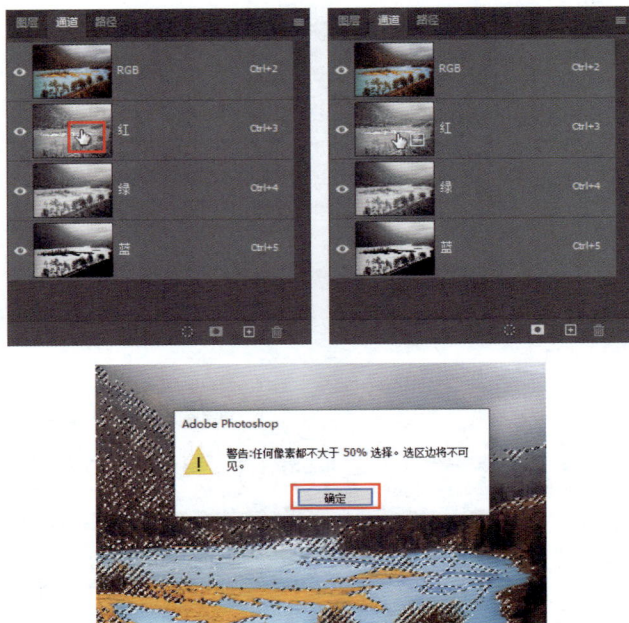

第 10 章
Photoshop 数码后期调色实战

在数码摄影领域，后期调色对作品最终效果的呈现至关重要。本章将介绍数码照片后期各种调色的原理，以及与软件功能结合的调色技巧。只有掌握了这些基本原理与具体的调色功能，才能够真正地在后期调色实战时做到得心应手、游刃有余。

显示器色彩要准确

数码照片后期对色彩并没有太好的衡量标准，更多的是依靠设备的性能及人眼对色彩的识别能力。从器材的角度来说，有一台能够准确显示色彩的显示器是进行后期处理的先决条件。

首先，确保计算机显示器经过校准，以准确显示图像的颜色和细节。使用专业的显示器校准仪器或校准软件来调整亮度、对比度、色温和色彩配置，以使显示器的输出与标准色彩空间接近。一般情况下，办公用显示器大多是不能满足后期调色要求的，无论是宽容度还是色彩的准确度都有欠缺。因此，建议有数码后期修图需求的用户，换一台性能好一点的显示器，如明基 SW 系列专业摄影显示器，以及 PD 设计师系列显示器都是很好的选择。

设定合适的色彩空间

对照片进行调色并输出后，其在计算机显示器、手机、平板电脑等不同设备上显示的色彩各不相同。一般来说，不同设备因为显示面板的材质和做工不同，色彩显示会稍有差别，但如果能感觉到非常明显的色彩差别，那说明在完成调色输出照片时，没有为照片配置合理的色彩空间。

从软件设置的角度来说，照片处理完成后，在输出照片之前，一定要将照片的色彩空间设置为 sRGB。

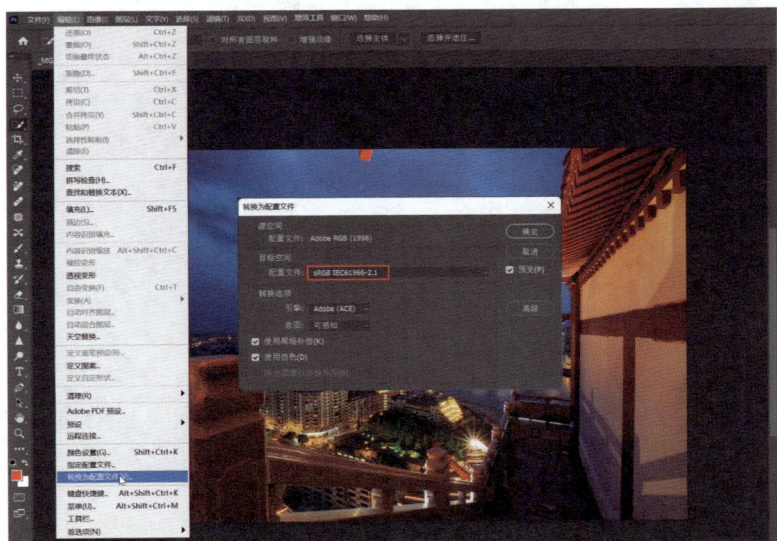

反复观察和思考照片

　　大多数情况下，长时间在计算机前修片，人眼对色彩的识别能力会下降，盲目出片可能导致修出的照片色彩不准确，或者不够理想，建议用户修片完成后，在输出照片之前，放松一下，看一下白色的景物，或者看一下远处的风景，之后再来观察照片，并思考当前的色调是否与自己想要的主题效果相符合。

互补色的概念与分布

　　所谓互补色，是指如果两种色彩混合后可得到白色，那么这两种色彩就被称为互补色。在摄影创作过程中，以互补色为主的照片，给人的视觉冲击是非常强的，画面的色彩反差会非常大，往往是一种对比的色彩效果。

　　在色轮图中，一条直径两端的色彩混合，就可以得到白色，即互为补色。比如，红色与青色混合会得到白色，那么红色与青色就是互补色，蓝色与黄色是互补色，绿色与洋红也是互补色。在色轮图上，可以看到更多的互补色组合。

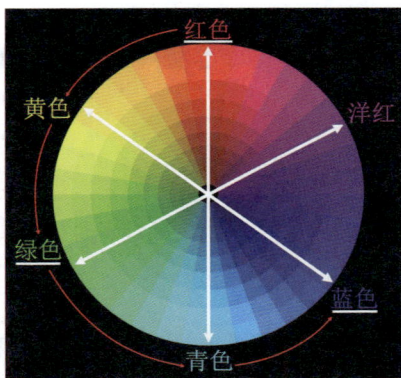

为什么互补色混合得白色

　　自然界中的太阳光线可以分离出红、橙、黄、绿、青、蓝、紫 7 种色彩的光线，而大部分色彩可以经过二次分离，分离出红、绿、蓝 3 种色彩。也就是说，大多数可见光，最终能够分解为红、绿、蓝 3 种光线。红、绿、蓝也称为三原色，这是 3 种最基本的色彩。三原色相加最终得到白色（太阳光线既可以认为是没有颜色，也可以认为是白色）。

　　根据上一个知识点介绍的，红色与青色为互补色，两者混合得白色，从三原色图上，可以明白这种互补色混合得白色的原因。青色是由蓝色与绿色混合得到的，红色与青色混合，实际上就是红色、蓝色和绿色 3 种原色混合，自然会得到白色。

互补色在数码后期调色中的应用逻辑

如果景物偏某种色彩，那么就可以认为这是受这种色彩的光线照射所导致的。如果要让景物显示出正常的色彩，只要让景物受白色光线（也可以认为是无色的光线）照射就可以了。摄影照片的后期调色，实际上可以为偏色的照片添加所偏色彩的互补色，调出白色光线照射的效果。当然，也可以减少所偏的色彩，相当于增加所偏色彩的互补色，让色彩趋向于受白色光线照射，以使色彩趋于正常。

在案例图中，左上图受黄色光线照射，所以偏黄色；右下图受白色光线照射，所以色彩正常。要让左上图色彩不偏黄，一种方案是在画面中加入黄色的补色—蓝色，使原图的黄色与加入的蓝色混合得到白色，也就是白光的照射效果；另一种方案是减少黄色，同样可以让左上图的色彩趋于正常。

色彩平衡的原理及使用方法

在 Photoshop 中打开一张照片，创建一个色彩平衡调整图层。在打开的色彩平衡"属性"面板中，有"黄色－红色""洋红－绿色""黄色－蓝色"这 3 组互补色滑块，色条右侧是三原色，左侧则是其对应的补色。

具体调色时，先在"色调"下拉列表中选择"高光""中间调"或"阴影"限定调整的区域，然后拖动相应的滑块调色。对于本案例，可以看到地景的蓝色是比较重的，而地景又处于暗部，所以要先设置"阴影"参数，即确保对暗部调色；接着减少蓝色，使暗部变得偏青，再增加红色（相当于减少青色），画面的暗部色调即变得正常。

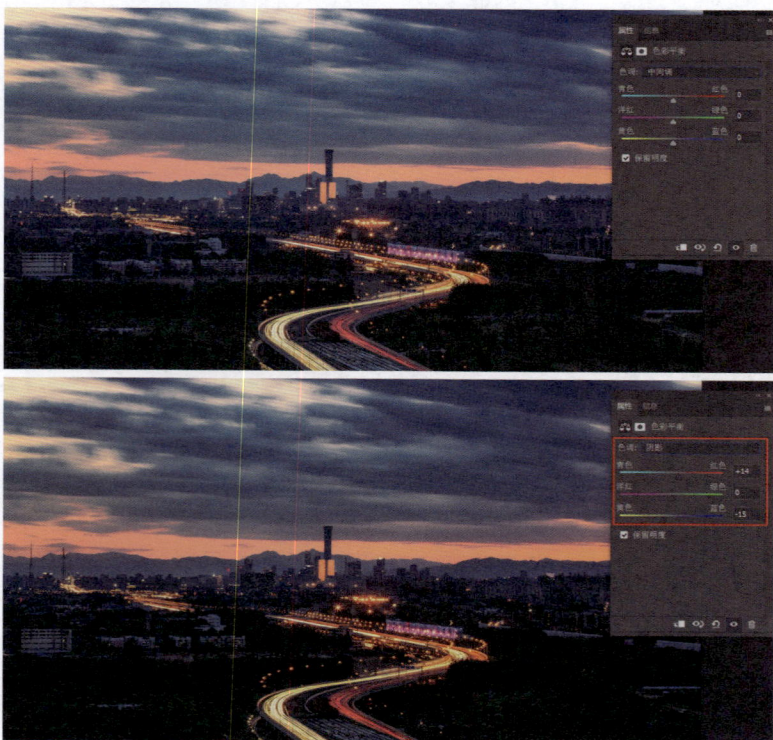

曲线的原理及使用方法

下面来看一种非常重要的调色技巧——曲线调色。

创建一个曲线调整图层。在打开的曲线"属性"面板中，单击展开"RGB"下拉列表，其中有红、绿、蓝这 3 种原色的自然曲线，调色时可以根据实际情况去调整。

照片偏红，可以直接在"红"曲线上单击创建锚点，向下拖动曲线，就可以减少红色；如果照片偏黄，由于没有黄色曲线，就应该考虑黄色的补色——蓝色，只要选择"蓝"曲线，增加蓝色，就相当于减少了黄色，这样就可以实现调整的目的。这是曲线调色的原理，实际上，它的本质也是互补色调色。色彩平衡、曲线、色阶调整等，都具备简单的调色功能，其调色原理本质上都基于互补色调色理论。

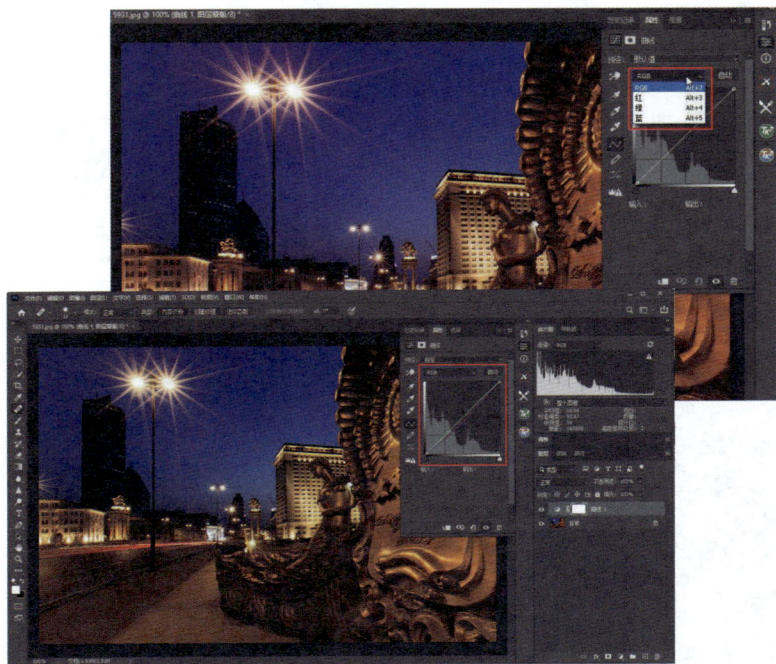

可选颜色的原理及使用方法

可选颜色调整是针对照片中某些色系进行精确的调整。举一个例子来说，如果照片偏蓝色，利用"可选颜色"可以选择照片中的蓝色系像素进行调整，并且可以增加或消除混入蓝色系的其他杂色。

打开要处理的照片，在"图像"菜单中选择"调整"命令，在打开的子菜单中选择"可选颜色"命令，即可打开"可选颜色"对话框。对于"可选颜色"的原理，看似不易理解，但实际上却非常简单。在对话框中的"颜色"下拉列表中，有"红色""黄色""绿色""青色""蓝色""洋红"等色彩通道，另外还有"白色""中性色""黑色"几种特殊的色调通道。要调整某种颜色，可先在"颜色"下拉列表中选择相应的色彩通道，然后再对照片中对应的色彩进行调整就可以了。

本例照片稍稍偏青，因此选择"青色"通道，降低青色的比例，相当于增加了红色的比例，画面色彩会趋于正常；增加黄色的比例，进一步弱化蓝色；适当降低黑色的比例，提亮画面暗部，缩小反差，使影调变得更柔和。

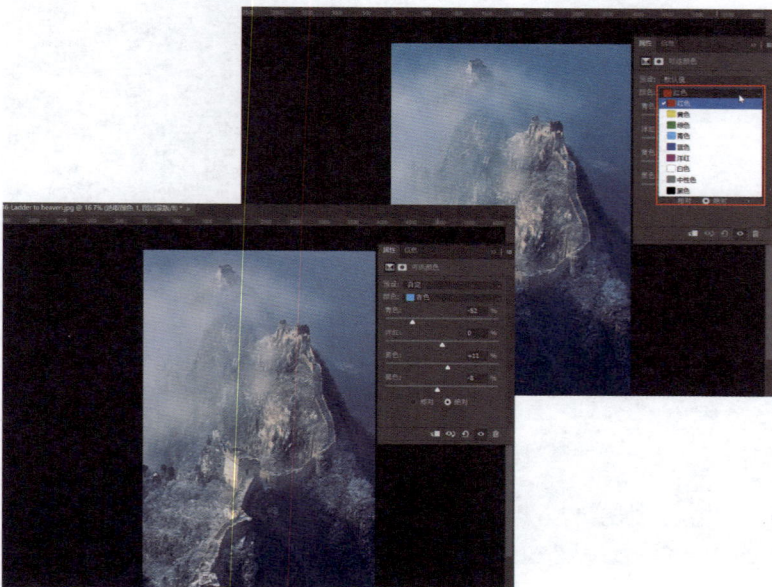

互补色在ACR/LR中的应用

互补色的调色原理在 ACR 中也是适用的，但是它在 ACR 中的功能分布比较特殊，主要集成在"色温"调整及校准的颜色调整当中。

依然以这张照片为例，在 ACR 中将其打开，先切换到"对比视图"，再切换到"校准"面板。

需要注意的是，这种校准面板中的原色调整，除了简单调色，还有一个非常大的作用——统一画面色调。对天空中偏紫的蓝色进行调整，让其向偏青蓝的方向发展，调整的不仅是紫色，实际上整个冷色调都会向偏青蓝的方向发展，可以快速统一冷色调，让它们更加接近。对于地景，让其向偏黄的方向发展也是如此，可以让整个暖色调更加统一，天空的路灯、地面的橙色和黄色的像素，都会向偏黄的方向发展，这种原色的调整可以快速让冷色调和暖色调分别向一个方向发展，从而达到快速统一画面色调的目的。所以，原色调整在目前的摄影后期处理中比较常用，很多网红色调就是通过原色调整来实现的。

同样的色彩为什么感觉不一样

　　将相同的颜色放在不同的色彩背景上，给人的色彩感觉是完全不同的。在黄色背景、青色背景和白色背景中，蓝色给人的色彩感觉就是不一样的，人们会感觉这是不同的蓝色，那么哪一种蓝色给人的感觉才是准确的呢？其实非常简单，在白色背景中的蓝色，给人的视觉感受是最准确的；在黄色与青色背景中的蓝色是不准确的，给人的感觉是有偏差的。即以白色作为色彩还原的参照，可以让人眼准确识别色彩。相机和计算机软件亦如此，这也是白平衡调色的原理。

灵活调色，表达创作意图

在风光摄影中，最准确的色彩并不一定有最好的效果，即并不是所有的照片都要通过白平衡校正还原出最准确的色彩。

在实际应用中，往往要根据现场的具体情况和画面的表现力来进行白平衡的调整，让照片的色彩更有表现力。

对于下面这张照片，降低"色温"的值后，画面整体清冷的色调与地面的灯光形成了冷暖对比，使画面有了更好的效果。调色之后，再结合微调一些影调参数，这张照片的色彩就得到了很好的校正，这是参考色在后期处理软件当中的应用，参考色主要用于辅助进行色彩的校正。

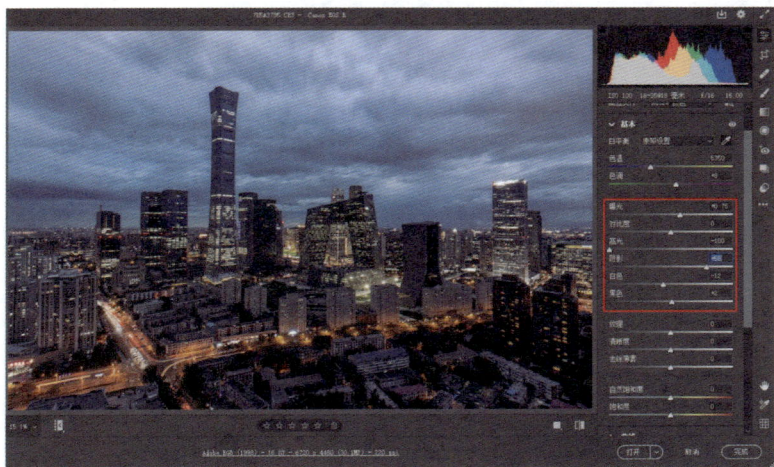

"色相/饱和度"的原理及使用方法

下面介绍"色相 / 饱和度"的调色原理及使用方法。

打开照片，人脸部肤色不统一，有黄有红。新建一个色相 / 饱和度调整图层。在"色相"参数中，要让黄色向红色的方向发展，这样可以让人脸部肤色的色调更接近，变得统一。

具体调整时，先在上方的"颜色"下拉列表中选择"黄色"选项，表示将对黄色进行调整，然后向左拖动"黄色"的"色相"滑块，可以看到人物面部的肤色变得统一了。

为什么要向左拖动呢？注意观察"色相 / 饱和度"面板下方的色条，色条上有三角滑块，用于定位到黄色，而黄色的左侧是红色，所以要让黄色向红色偏移，也就是向左拖动"黄色"的"色相"滑块。

拖动"黄色"的"色相"滑块后，画面中所有的黄色都会变红，但在本案例中，我们只想让人物面部肤色统一，所以需要使用黑色画笔涂抹人物衣服部分使其变黑隐藏调整效果。

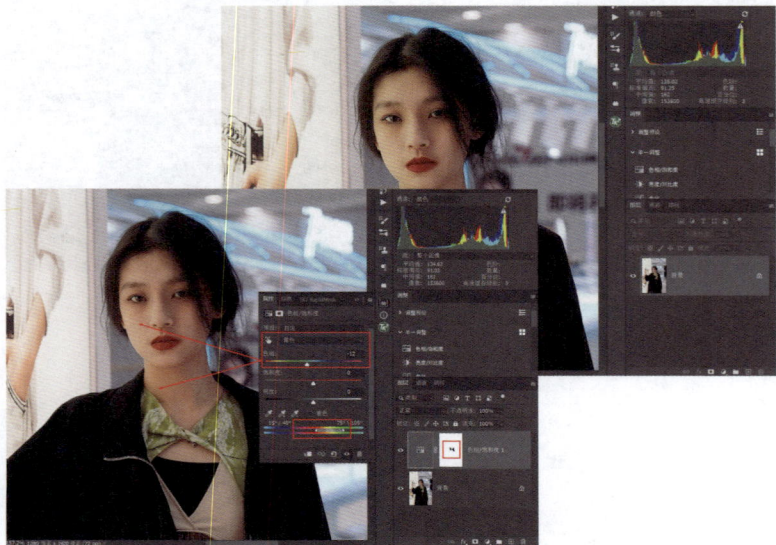

"照片滤镜"的原理及使用方法

下面再来看另外一种调色功能——照片滤镜。"照片滤镜"的调色原理是在 Photoshop 中通过添加色温滤镜，让照片的色彩变冷或变暖。

看这张照片，原有色彩非常平淡，特别是大海部分发黄，不够干净。这时可以创建一个"照片滤镜"调整图层，在打开的面板中打开上方的"滤镜"下拉列表，在其中可以看到第 1 ~ 3 种对应的是暖色调，第 4 ~ 6 种对应的是冷色调。默认添加了暖色调，可以发现照片画面色彩变得更暖了。

对本画面来说，应该为海面添加冷色滤镜，让海面色彩变冷，所以选择一种冷色调滤镜。如果感觉滤镜效果太强烈，那么可以降低"密度"的值，让滤镜效果变得更加自然一些。

一般来说，添加滤镜之后，画面整体色调会变冷或变暖，有偏色的问题。这与"颜色分级"是不同的，"颜色分级"是分别对高光和暗部等区域渲染不同的色彩，但"照片滤镜"则是为照片整体渲染某一种色调，容易出现偏色的问题。所以要选择"画笔工具"，将"前景色"设为黑色，在不想调的位置进行涂抹，涂抹时稍稍降低"不透明度"及"流量"等参数的值，在不想变为冷色调的位置涂抹，还原原有的色彩，那么照片就不会有偏色的感觉了。

"匹配颜色"的原理及使用方法

下面介绍一种大家比较陌生，但却非常好用的色彩渲染技巧——匹配颜色。顾名思义，它是指用一张（较好）照片的影调及色调去匹配要处理的照片，最终为要处理的照片模拟出好照片的色调与影调。

注意在 Photoshop 中显示的打开的底图，以及在"匹配颜色"对话框右下角显示的缩略图，本例要做的是让底图模拟"匹配颜色"对话框右下角显示的缩略图的色彩。具体操作：在 Photoshop 中打开这两张照片，先切换到蓝调素材照片，然后打开"图像"菜单，选择"调整"→"匹配颜色"命令，打开"匹配颜色"对话框。在对话框下方的"源"下拉列表中选择想要匹配的照片的文件名（即暖色调的照片）。选择之后单击"确定"按钮，这样就为蓝调照片匹配上了目标照片的这种色调及影调效果。

这种匹配的效果非常强烈，可以通过调整"明亮度""颜色强度""渐隐"参数，让匹配效果更自然一些。

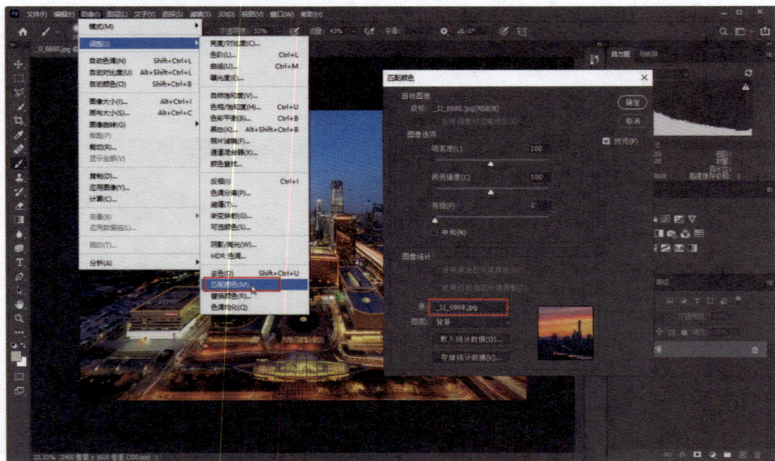

通道混合器的原理及使用方法

下面介绍一种比较难理解的色彩渲染工具——通道混合器。从界面布局来看，通道混合器与之前介绍的"可选颜色"有些相似，但实际上它们的原理却相差很大。

首先打开原始照片，然后创建"通道混合器"调整图层。在"通道混合器"调整图层中，可以看到红、绿、蓝三原色，以及它们的色条。

对这张照片来说，如果想要让照片变暖一些，有冷暖对比，在上方的"输出"通道中选择"红"通道。一般来说，在摄影后期处理过程中，输入是指照片的原始效果，输出是指调整之后的效果。

因为要让照片变得偏暖一些，偏红一些，所以要让输出效果变暖一些。选择"红"通道之后，在下方就可以调整红、绿、蓝 3 个通道。注意，这种调整不要考虑互补色原理。无论提高绿色还是蓝色通道的值，照片都会变红。之所以出现这种情况，是因为向右拖动"绿色"滑块，是指增加原照片绿色系当中的红色成分，也就是为绿色景物渲染红色；向右拖动"蓝色"滑块，那么相当于为照片当中的蓝色系添加红色，所以说最终效果都是变红的。向右拖动"红色"滑块则更是如此，相当于为照片当中的红色像素再次添加红色，照片会变得更红、更暖。这是通道混合器的调色原理，借助通道混合器，可以快速地为照片渲染某一种色彩。

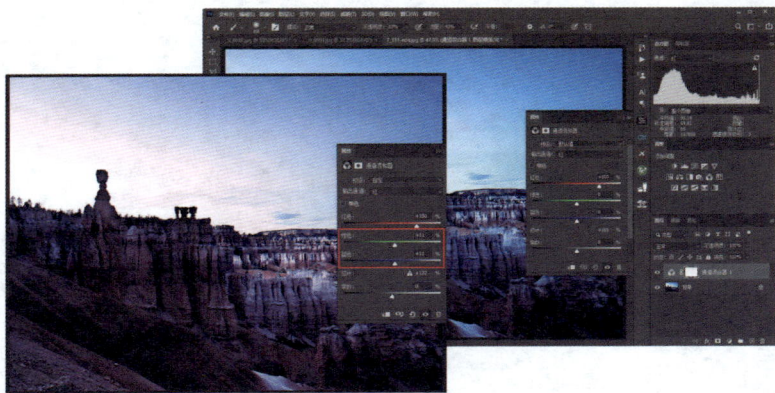

第 11 章
提升照片表现力的进阶技法

在摄影后期处理中，有一些比较特殊的进阶技法，它们有别于一般的后期处理技巧，这些进阶技法可能是通过接片的方式获得更大视角，通过 HDR 的方式获得高动态范围的照片，让画面的高光或暗部有更丰富的影调层次，也可能是借助堆栈的方式实现慢门效果或达到去噪的目的。本章将会对这些技巧进行详细介绍。

认识照片的宽容度与动态范围

　　相机的宽容度是指底片（胶片或感光器件）对光线明暗反差的宽容程度。当相机既能让明亮的光线曝光正确，又能让暗的光线也曝光正确时，我们就说这个相机对光线的宽容度大。

　　例如，曝光过度的照片，原本场景的暗部足够明亮，但亮部却变为死白一片；如果相机的宽容度足够大，则既能"包容"较暗的光线，又能"包容"较亮的光线，让暗部和亮部都有足够的细节。

　　动态范围则是指相机对于从最亮到最暗这个范围内细节的呈现能力。

　　比如，拍摄日落场景，相机对太阳周边与背光阴影这个亮度范围内景物细节的再现能力，就是动态范围。如果出现了大量的影调与色彩断层，那就表示动态范围不足，画质不够平滑细腻。

手动HDR怎样操作

　　HDR 是指在面对高反差场景时，通过包围曝光的方式进行拍摄，一次拍摄 3 ～ 9 张照片，取低曝光值照片的高光部位细节，高曝光值照片的暗部细节，最后进行区域的合成，确保最终照片中高光与暗部有更完美的影调层次和更丰富的细节，从而实现一次完美的拍摄。

　　下面介绍手动 HDR 合成的技巧，通过这种技巧，大家可以掌握 HDR 合成的真正原理。首先来看这个场景，使用包围曝光拍摄 3 张照片，第 1 张照片为高曝光照片，暗部背景处得到了充足的曝光，高光溢出；第 2 张照片是一般曝光值照片，也就是标准曝光，没有补偿，可以看到大部分一般亮度区域得到了比较好的层次细节；第 3 张照片为低曝光照片，确保画面场景当中最亮的部分有合理的曝光，但是暗部漆黑一片。

　　首先将这 3 张照片在 Photoshop 中打开，然后将 3 张照片叠加在一起，后续利用图层蒙版来对不同曝光照片的区域来进行处理。接下来分别为"图层"面板上方的两个图层创建图层蒙版。

　　用黑色画笔涂抹蒙版，涂抹成黑色的区域作为遮挡区域。高曝光值照片保留暗部区域，将过曝区域涂抹掉，低曝光值照片涂抹暗部区域，保留高光区域。

　　通过这种涂抹，最终保留了各个图层细节比较完整的区域，实现了 HDR 合成。当然在涂抹时，可以随时调整画笔的不透明度，让叠加的效果更加自然一些。

自动HDR怎样操作

此外，还有一种自动 HDR 合成，无论是在 Photoshop 中还是在 ACR 中都可以实现自动 HDR 合成，但通常来说，借助 ACR 进行的操作更加简单，功能也更加强大一些，所以我们借助 ACR 进行调整。如果拍摄的 RAW 格式的源文件比较简单，同时选中 3 张或多张 HDR 素材载入 ACR。

在左侧的胶片窗格中可以看到打开的照片列表。然后全部选中这 3 张照片，单击鼠标右键，在弹出的快捷菜单中选择"合并到 HDR"命令，这样软件会自动对照片进行合成，并且合成的效果非常理想。

出现"HDR 合并预览"界面后，单击"合并"按钮，就可以生成新的 DNG 格式文件，并且可以对合成效果再次进行调整。

"消除重影"功能的用途

　　出现"HDR 合并预览"界面之后，在右侧的面板中可以看到"消除重影"参数。所谓"消除重影"，主要是指消除所拍摄场景中景物出现的移动和错位。比如，拍摄场景中风不断吹动前景的草地，并且天空的云层快速流动，那么这时进行合成，素材与素材之间的景物是有错位的，而"消除重影"就用于消除这种景物之间的错位。大多数情况下，如果场景当中没有移动的景物，关闭这个功能即可。

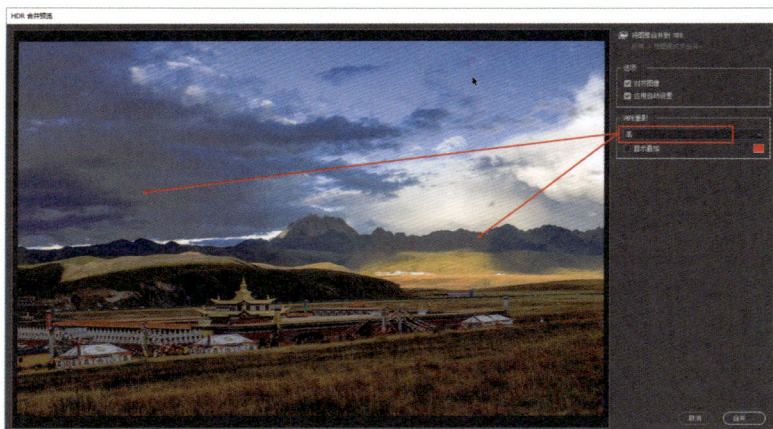

拍摄HDR素材是否必须用三脚架

　　进行 HDR 合成，大多数情况下需要三脚架的辅助，借助三脚架保持照片视角的固定，可以方便后续的合成和对齐。但实际上，如果拍摄时没有携带三脚架，也可以进行 HDR 合成。

　　具体操作：设置相机为高速连拍和包围曝光，然后手持相机保持稳定进行连拍，3 张连拍（假设是 3 张包围曝光）之后，虽然拍摄过程中有抖动，但后续合成时，只要在"HDR 合并预览"界面中勾选"对齐图像"复选框，那么软件会检测照片当中的固定对象，对画面进行合成。比如下面这张照片中，山体建筑就是对齐的参考，对齐这些对象之后，边缘可能会出现一些错位，裁掉错位的空白像素区域，就可以实现很好的 HDR 合成。

　　注意，如果拍摄的场景光线比较暗，那么单张照片的曝光时间相对较长，这样是没有办法手持进行 HDR 操作的，必须借助三脚架。

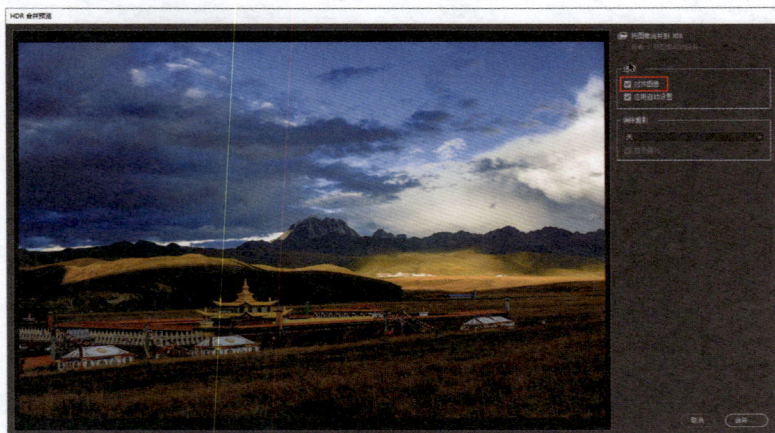

拍摄接片素材的要点

1. 使用三脚架，让相机同轴转动

拍摄全景照片，需要摄影者左右平移视角连续拍摄多张照片，且要保证所拍摄的这些素材照片在同一水平上，所以使用三脚架辅助就是最好的选择。在三脚架上固定好相机，但要松开云台底部的固定按钮，让云台能够转动起来，然后围绕相机镜头的光轴同轴左右转动相机拍摄即可。

2. 选用中长焦段镜头避免透视畸变

使用广角镜头拍摄全景照片，2 ～ 3 张即可满足全景接片的要求，这样虽然简单一些，但却存在一个致命的缺陷，那就是无论多好的镜头，广角端往往存在一定的畸变，即画面边角会扭曲，多张边角扭曲的素材接在一起，最终的全景也不会太好。

大部分情况下，摄影者应该选择畸变较小的中长焦段来拍摄，如果使用中等焦段拍摄，4 ～ 8 张照片完全可以满足全景接片的要求。

3. 手动曝光保证画面明暗一致

要完成全景照片的创作，要注意不同照片的曝光均匀性。即应该让全景接片所需的每一张照片有同样的拍摄参数，光圈、快门速度、感光度等要完全一致，这样最终完成的全景照片才会真实。设置手动对焦，并在手动模式下固定好光圈、快门速度和感光度是比较好的选择。

4. 充分重叠画面

在拍摄全景照片的过程中，要注意相邻的两张素材照片之间应该有不少于 24% 的重叠区域。如果没有重叠区域，那么后期就无法完成接片；如果重叠区域少于 24%，那么接片的效果可能会很差，也有可能无法完成；当然，如果重叠区域很大，甚至超过了一半，合成效果也不会好。

球形、圆柱与透视3种接片模式

进行全景合成，可以得到更大的视角。

下面来看具体操作。首先在胶片窗格中全选所有照片，单击鼠标右键，在弹出的快捷菜单中选择"合并到全景图"命令。

这样会打开"全景合并预览"界面，在右侧的面板中有多组参数。首先取消选择下方的所有参数，只选择"球面"这种合成方式。合成之后四周出现了一些空白区域，这是因为拍摄时转动三脚架，视角发生变化，所以说无法实现完美的合成。"球面"这种方式比较常用，整体接片效果还是可以的；"圆柱"与"球面"比较相近，只是"圆柱"合成方式四周的拉伸更大一些；"透视"主要用于对重合区域特别大的素材进行合并，大多数情况下无法使用。

通常情况下，选择"圆柱"或"球面"即可，这里选择"球面"方式进行合并。

"边界变形"功能的用途

接下来将"边界变形"的值调到最高。所谓"边界变形",主要是指借助软件对接片效果进行扭曲、拉伸,将四周的图像拉伸之后,进而将四周空白的区域填充起来,实现比较合理的接片效果。这种拉伸对一般的自然风光是比较有用的,可以进行填充。但是,如果拍摄建筑等题材,这种拉伸会导致建筑严重变形,这是需要注意的一点。

"自动裁剪"功能的用途

在处理接片边缘问题上，与"边界变形"功能相似的另外一种功能是"自动裁剪"。在合成照片时，如果将"边界变形"的值调到最高，再勾选"自动裁剪"复选框是没有任何意义的。

如果将"边界变形"的值降到最低，也就是不填充四周的空白区域，此时勾选"自动裁剪"复选框，则软件会自动裁掉四周空白的部分。

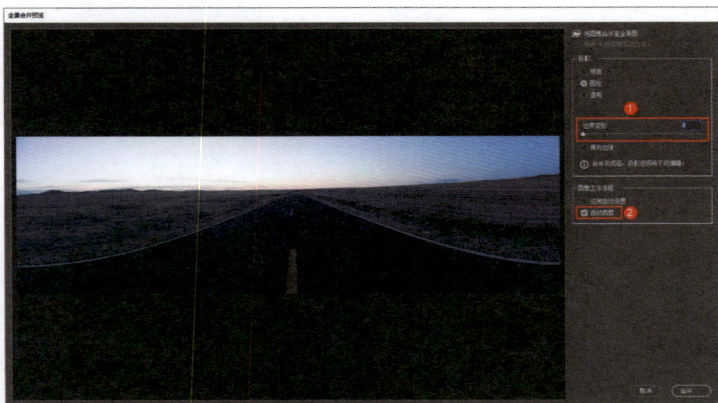

"应用自动设置"功能的用途

在"全景合并预览"界面中，还有一个"应用自动设置"复选框。在进行 HDR 合成时也有该选项，勾选"应用自动设置"复选框可对合并的效果进行自动调整，其原理是在 ACR 主界面的"基本"面板中对软件的影调进行自动调整，经过自动调整之后，画面的影调和色彩看起来会更加协调一些，也更加漂亮。如果对后期处理比较熟悉，可以不勾选该复选框，当然也可以勾选该复选框，使用户对照片的初步调整效果看起来更加理想。

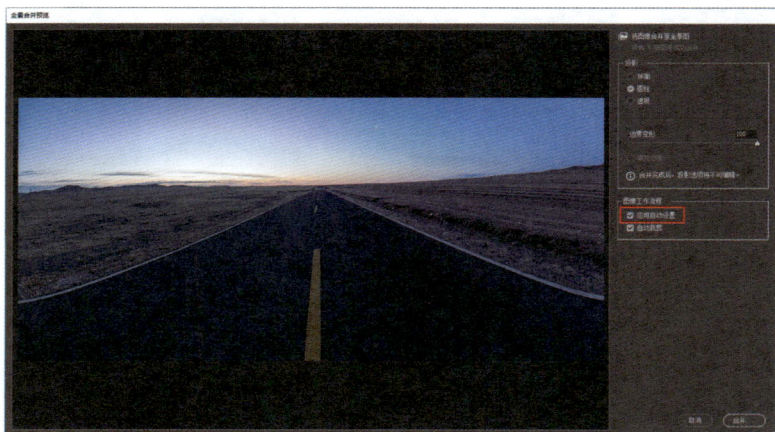

最大值堆栈的效果

堆栈是指对多个图层的内容按照一定的算法进行合成，实现一些特殊的效果。在拍摄星轨时，大家可以进行单次曝光时长 15 ～ 30s 的拍摄，并且进行连拍，连续拍摄一两个小时，会得到大量星空照片。照片中的地景完全相同，只有星星的位置不同。

最后，在 Photoshop 中借助最大值堆栈进行合成，就可以得到星轨效果。当然，还有其他的一些堆栈方式，后续会进行详细介绍。

IMG_8157_1JPG   IMG_8158_1JPG   IMG_8159_1JPG   IMG_8160_1JPG   IMG_8161_1JPG

IMG_8162_1JPG   IMG_8163_1JPG   IMG_8164_1JPG   IMG_8165_1JPG   IMG_8166_1JPG

IMG_8167_1JPG   IMG_8168_1JPG   IMG_8169_1JPG   IMG_8170_1JPG   IMG_8171_1JPG

最大值堆栈的操作

　　下面来看星轨堆栈的具体操作。在对照片进行堆栈之前先将素材准备好，然后在 Photoshop 中打开"文件"菜单，选择"脚本"→"统计"命令，这样会打开"图像统计"对话框。在其中将堆栈模式设置为"最大值"，然后单击"浏览"按钮，将准备好的素材载入，单击"确定"按钮。

　　等待一段时间之后，会载入所有照片，出现上下叠加的大量图层。再等待一段时间，这些图层会按照最大值的方式完成堆栈，最终得到星轨画面。

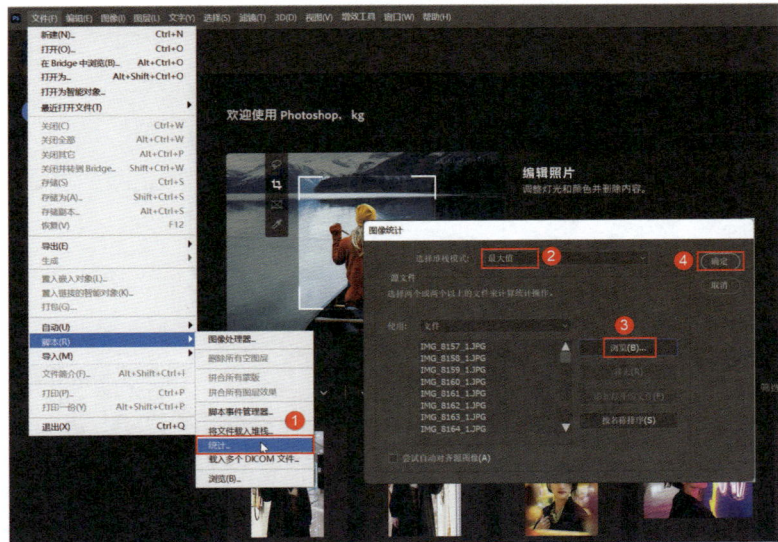

最大值堆栈的原理与应用场景

之前介绍了以最大值堆栈的方式得到星轨画面，下面来看最大值堆栈的原理及应用场景。

拍摄大量同一视角的照片，然后将这些照片拖入同一个画面，分布在很多图层当中，每一个图层都大致相同，仅存在部分移动的元素，比如天空中移动的星星。虽然视角固定，但上下多个图层中星的位置是不一样的，有一定的位移，进行最大值堆栈合成时，软件会对每一个像素点位置的上下多个图层进行对比，找到最亮的像素，然后将这个最亮的像素呈现在最终叠加显示的效果当中，这便是最大值堆栈合成照片的原理。

一般来说，最大值堆栈常见于夜景摄影中，用于堆栈车灯线条、星轨堆栈，以及拍摄慢门水流的拉丝效果。

平均值堆栈的原理与实战

接下来再来看平均值堆栈。平均值堆栈是指在每一个像素点位置，将上下所有图层在该位置的像素点的亮度相加，再除以图层数，取一个平均值。它所实现的效果一般来说比较适合对照片进行比较完美的降噪。

拍摄时，可以高感光度连拍 5 ～ 10 张照片，然后进行平均值堆栈降噪，最后得到近乎完美的画质。

虽然是同一视角，但实际上每张照片上的噪点总是随机出现的。这样，在进行平均值堆栈时，可能某一个图层、某一个位置出现了噪点，但是下方图层这个位置就没有出现噪点，再下方图层也没有出现噪点，这样通过非常多图层取平均值，就将噪点的效果给抹掉了，这是利用平均值堆栈获得降噪效果的一种原理。

中间值堆栈的原理与实战

下面再来看中间值堆栈。很多时候中间值堆栈也被用于消除高感光度照片中的噪点，但实际上中间值堆栈还有一种非常特殊的用法，它可以消除照片中移动的一些对象。比如，拍摄一个风光场景，照片中出现了来回走动的游人，如果进行了大量的连拍，那么在后期可以借助中间值堆栈，将游人非常完美地消除掉。

所谓中间值，是指遍查上下所有图层，查找每一个像素位置的亮度，取亮度在中间位置的像素呈现在最终效果当中。即使在一个场景中有游人出现，但这种情况毕竟只是几张照片或单张照片中存在，其他照片中不存在，因此在最终取平均值时，有游人的照片某个位置的像素就不会被记录下来，记录的是没有游人的这个点的像素亮度。这样最终呈现的效果中，游人就会被消除。降噪也是如此，某一张照片上出现了噪点，但是下一张没有出现，另外的照片也没有出现，最终通过取没有出现噪点位置的像素，就将噪点消除了，从而实现了降噪的目的。

下面来看中间值降噪的效果。

首先打开一张照片，这是在天坛拍摄的一张框景式构图照片，照片中有很多游人。经过中间值堆栈之后，可以看到很好地将游人消除了。

多种堆栈模式的综合应用

实际上，比较高级的堆栈技法可能需要使用不同的堆栈方式，最终实现更完美的效果。

比如这个场景，拍摄日落画面时，栈道上出现了一个人物来回移动，干扰到了拍摄。

这就需要在后期借助平均值与中间值两种堆栈，用中间值堆栈将人物消除，用平均值堆栈获得云层流动的效果，最终叠加两种效果，实现完美的画面效果。

第 12 章

裁剪和修复照片：让照片更协调

二次构图是指对照片进行裁剪，或者对照片中的元素进行一些特定的处理，以改变画面的构图方式，提升画面表现力。二次构图貌似简单，实则颇具难度，人人都会裁剪照片，但大部分人却难以掌握好二次构图的技巧，本章将对二次构图的一些思路和技巧进行详细介绍。

通过裁掉干扰让照片变干净

如果照片中特别是画面四周有一些干扰物，比如明显的机械暗角、一些干扰的树枝、岩石等，它们会分散观者的注意力，影响主体的表现，这时可以通过最简单的裁剪将这些干扰裁掉，实现主体突出、画面干净的目的。

在 Photoshop 中打开四周有干扰元素的照片，选择"裁剪工具"，在上方的选项栏中设置原始比例，直接在照片中按住鼠标拖动就可以确定要保留的区域。确定好之后，在上方选项栏的右侧单击"确定裁剪"按钮，即可完成裁剪。也可以把鼠标指针移动到保留的区域内，双击完成操作。

让构图更紧凑

有时候拍摄的照片四周可能会显得比较空旷，除主体之外的区域过大，这样会导致画面显得不够紧凑，有些松散，这时同样需要借助"裁剪工具"来裁掉四周的不紧凑区域，让画面显得更紧凑，主体更突出。

在 Photoshop 当中打开原始照片，该画面要表现的是主体长城，四周过于空旷的山体分散了观者的注意力，让主体显得不够突出。此时，可以在工具栏中选择"裁剪工具"，设置原始比例。确定裁剪之后，如果感觉裁剪的位置不够合理，还可以把鼠标指针移动到裁剪边线上，按住边线进行拖动，改变裁剪区域的大小。

除了上述操作方法，用户也可以把鼠标指针移动到裁剪区域的中间位置，当鼠标指针变为移动状态时，按住鼠标左键拖动可以移动裁剪框，从而进一步调整裁剪的范围和位置。

切割画中画

有些场景中可能具有多个表现力良好的拍摄对象，当数量较多时，可以进行画中画式的二次构图。所谓画中画式的二次构图，是指通过裁剪只保留照片的某一部分，让这些部分单独成图。

在 Photoshop 中打开原始照片，可以看到这个场景比较复杂，所有建筑一字排开，仔细观察可以发现，某些局部区域可以单独成图，下面来尝试画中画式的二次构图。

在工具栏中选择"裁剪工具"，在选项栏中打开"比例"下拉列表，可以看到不同的裁剪比例，有 2:3、1:1、16:9 等，也可以直接选择原始比例，保持原有照片的比例不变。

如果选择"比例"选项，而不选择原始比例或特定的比例值，就可以根据需要任意选定长宽比。如果设置为 2:3 的比例，此时默认呈现横幅构图，如果想要将其变为 2:3 的竖幅构图，只需单击后方文本框中间的"交换"按钮，这样可以将横幅变为竖幅或将竖幅变为横幅。如果想要清除已设置的特定比例，单击右侧的"清除"按钮即可。

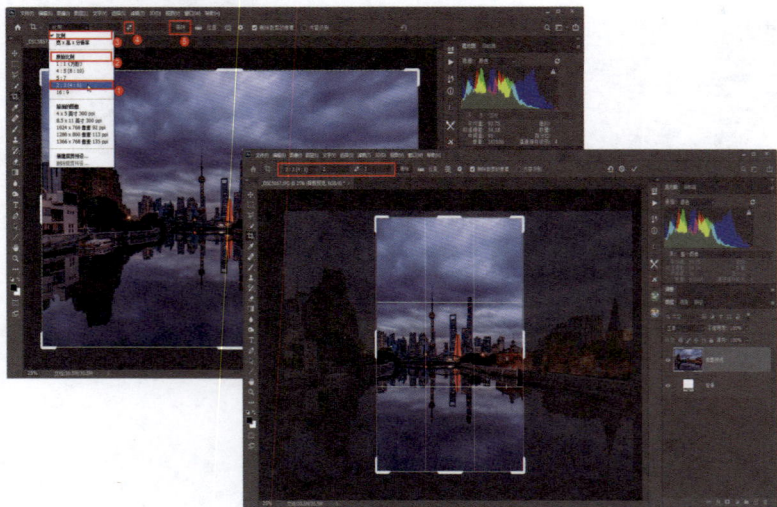

构图由封闭变开放

所谓封闭式构图，是指将明显的主体对象完整拍摄下来。这种比较完整的构图会给人一种非常完整、协调的心理感受，让观者知道摄影师拍摄的是一个完整的景物。但是，这种构图也存在劣势——画面有时候会显得比较平淡，缺乏冲击力。面对这种情况，可以考虑将封闭式构图通过裁剪保留局部，变为开放式构图，只表现主体的局部，这种由封闭变开放的二次构图会让得到的照片画面变得更有冲击力，给人更广泛的、话外有话的联想。在花卉题材中，这种二次构图方式比较常见。

本例原片重点表现的是整个花朵。通过裁剪之后，这种开放式构图会让人联想到花蕊之外的花朵区域，视觉冲击力更强。

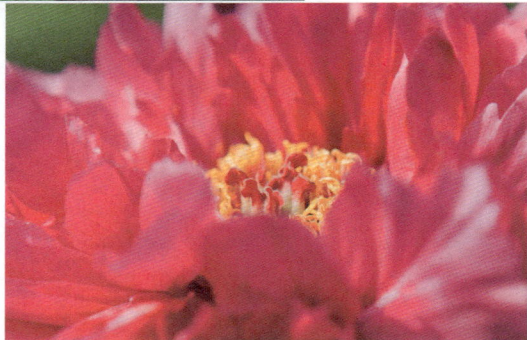

校正水平与竖直线

　　二次构图中关于照片水平的
调整是非常简单的，下面通过一
个具体的案例来介绍。

　　这张照片虽然整体上还算协
调，但如果仔细观察，会发现远
处的水平面是有一定倾斜的。

　　选择"裁剪工具"，在上方
选项栏中选择"拉直"工具，沿
着远处的天际线向右拖动，注意

一定要沿着水平线拖动，拖出一段距离之后松开鼠标，此时裁剪线会包含
进一部分照片之外的区域。

　　在上方选项栏中勾选"内容识别"复选框，这样四周包含进来的空白
像素区域会被填充，然后单击选项栏右侧的"√"按钮。

　　等待片刻，四周会被填充，按键盘上的"Ctrl+D"组合键取消选区，
就可以完成这张照片的校正。

变形或液化局部元素

下面介绍通过变形或液化功能调整局部元素，以强化画面视觉中心或改变画面构图的二次构图技巧。

这张照片是意大利多洛米蒂山区三峰山的霞光场景，画面整体给人的感觉还是不错的，但是山峰的气势显得有些不足，可以通过一些特定的方式来强化山峰。在调整之前，首先按键盘上的"Ctrl+J"组合键复制出一个图层，在工具栏中选择"快速选择工具"，在照片的地景上按住鼠标左键拖动，可以快速为整个地景建立选区。

打开"编辑"菜单，选择"变换"→"变形"命令，或者直接按键盘上的"Ctrl+T"组合键，出现变化线之后，将鼠标指针移动到中间的山峰上，按住鼠标左键向上拖动，这时选区内的山体部分被拉高，山的气势就出来了。

完成山峰的拉高之后，按键盘上的"Enter"键完成处理，再按键盘上的"Ctrl+D"组合键取消选区，这样就完成了山峰局部的调整。

本案例在操作之前进行了图层的复制，这是为了避免出现一些穿帮和瑕疵所做的提前准备，如果没有出现穿帮和瑕疵，复制图层的这个过程就没有太大作用。

通过变形完美处理机械暗角

之前已经介绍过，如果照片中出现了非常明显的机械暗角，可以通过裁剪的方式将这些机械暗角裁掉。但如果画面的构图本身比较合适，裁掉周围的机械暗角会导致画面的构图过紧，就不能采用简单的裁剪方法，下面介绍一种通过变形来完美处理机械暗角的技巧。

在 Photoshop 中打开要处理的照片，可以看到四周的暗角是非常明显的。

为了在不破坏原照片的基础上进行变形等操作，按键盘上的"Ctrl+J"组合键，复制出一个图层，选择上方新复制的图层，打开"编辑"菜单，选择"变换"→"变形"命令。

将鼠标指针移动到照片的 4 个角上，按住鼠标左键向外拖动，这样可以将暗角部分拖到画面之外，如果照片中间主体部分没有较大的变形，就可以直接按键盘上的"Enter"键确认变形。

如果中间的主体部分也发生了较大的变形，会影响画面表现力，可以

为上方的图层创建一个黑蒙版，再用白色画笔将四周进行的变换擦拭出来即可。这是相对比较复杂的应用，不明白的读者可以学习有关蒙版的技巧。

通过变形改变主体的位置

　　下面的案例是借助变形和拉伸等操作进行二次构图，主要借助变形来调整主体（视觉中心）在画面中的位置，从而实现二次构图。

　　在这张原始照片当中，视觉中心的最高建筑稍稍有些偏左，视觉感受是比较别扭的。选择"裁剪工具"，将鼠标指针放在左侧的裁剪线上，按"Shift"键的同时按住鼠标左键向左拉动，为画布的左侧添加一块空白区域，按照之前介绍的方法，在中间建筑左侧建立矩形选区，进行自由变换，填充左侧空白部分。

　　除此之外，用户也可以对右侧的一些区域进行变形和拉伸，通过多次调整，确保让中间的主体建筑正好处于画面的中心位置。

再次选择"裁剪工具"，裁掉四周一些空白的区域，完成调整。这个案例的应用非常广泛，尤其适用于风景、建筑、人像等需要突出主体的照片，是调整主体位置非常有效的方法。

215

第 13 章
合理锐化：优化照片画质

　　锐化是非常有用的功能，可以提高像素边缘的对比度，从而显著提升照片的清晰度。合适的锐化几乎可以起到扭转乾坤的作用，让使用一般镜头拍摄的照片呈现出堪比"牛头"的画质。本章将介绍 Photoshop 中的实用锐化功能，以及提升照片锐度和质感的技巧。

"USM锐化" 功能

"USM 锐化"曾是传统摄影中应用非常广泛的一种锐化方式，其效果非常简单直观，但是随着当前数码技术的不断发展，这种锐化的使用频率越来越低。USM 锐化及其他不同的锐化功能中有一些基本的参数，通过学习这些参数的使用方法和原理，可以帮助我们打好摄影后期处理的基础，为掌握其他工具做好准备。

在 Photoshop 中，要对照片进行锐化，可打开"滤镜"菜单，选择"锐化"→"USM 锐化"命令，打开"USM 锐化"对话框。

在"USM 锐化"对话框中提高"数量"的值，对话框内有一个局部放大的预览区域，可以实时显示锐化的效果。如果要对比锐化之前的效果，将鼠标指针移动到这个预览框中单击，就会显示锐化之前的效果。通过对比锐化前后的效果，可以发现 USM 锐化的效果还是比较明显的，画面边缘的锐度更高。

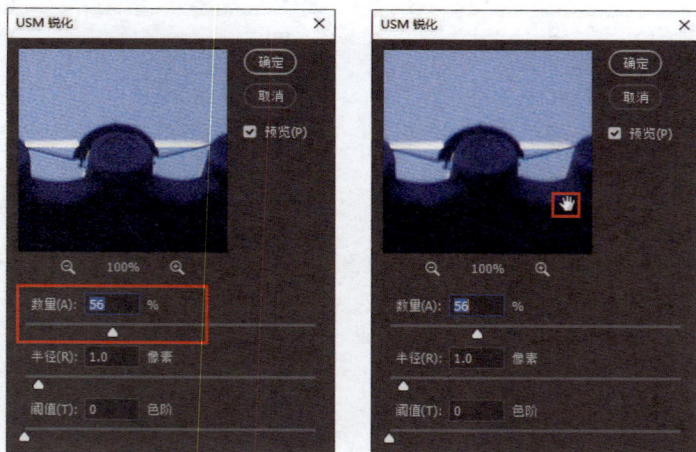

"半径"参数的用途

在"USM 锐化"对话框中，将"半径"的值调到最高，会发现仿佛提高了清晰度，照片的景物边缘出现了明显的亮边，而照片中原有的亮部变得更亮，高光溢出，原有的暗部变得更黑，暗部溢出。也就是说，"半径"参数可以用于提高锐化的程度，它与"数量"参数所起的作用有些相近。半径的单位是像素，半径值是指像素距离，如果只有一个像素，就是指检索某一个像素与它周边相距一个像素的点，只增强这两个像素之间的明暗与色彩差别。如果设置"半径"的值为 50，那么半径为 50 个像素之内的所有像素之间的明暗差别和色彩差别都会得到提升，所以锐化的效果会非常强烈。

一般情况下，"半径"的值不宜超过 2 或 3，只检索两三个像素范围之内的区域就可以了。

"阈值"参数的用途

　　"阈值"参数比较抽象，它的单位是"色阶"，"色阶"本质上代表着明暗程度。阈值的取值范围是 0 ~ 255，0 是纯黑，255 是纯白，一共有256 级亮度。阈值在锐化中的作用：如果两个像素之间明暗相差为 1，但是设置"阈值"为 2，那么这两个像素就不进行锐化，不强化它们之间的明暗和色彩差别。也就是说，阈值是一个门槛，只有明暗差别超过了这个阈值，才会对两个像素之间进行强化，强化它们之间的色彩和明暗差别。所以，如果将"阈值"设定得非常大，到了 255，全图几乎不进行任何的锐化处理。

　　在摄影后期处理中，"半径"和"阈值"是两个非常重要的参数。合理搭配这两个参数，能够在增强照片细节的同时，避免过度锐化带来的噪点和失真。

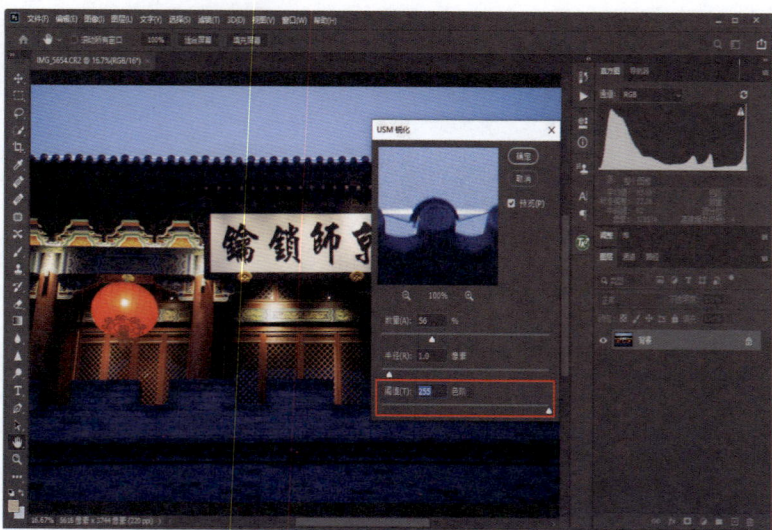

"智能锐化"功能的使用方法

　　仅从锐化功能的综合表现来看，"智能锐化"在效果的精细度和对复杂情况的处理能力上，相较于"USM 锐化"有显著提升。在 Photoshop 中打开照片，选择"滤镜"→"锐化"→"智能锐化"命令，即可打开"智能锐化"对话框。与"USM 锐化"对话框相比，"数量"和"半径"两个参数基本上是一样的，区别在于"智能锐化"对话框中去掉了"阈值"参数，以"减少杂色"参数替代。"减少杂色"主要起降噪的作用。因为在对照片进行锐化时，也会导致噪点变得更明显，这时可以在"智能锐化"时通过提高"减少杂色"的值来减少噪点的产生。

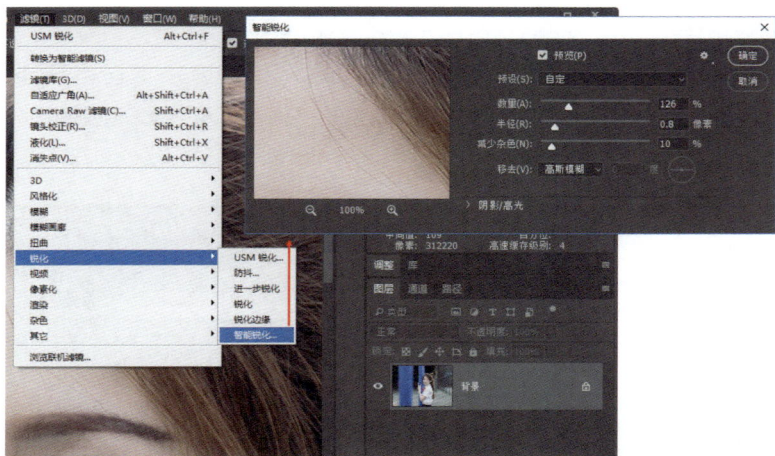

高反差锐化的技巧

接下来介绍一种效果非常强烈的锐化，这种锐化对建筑类题材的锐化是非常有效的，能够强化建筑边缘的线条，让画面显得非常有质感。

首先打开照片，按"Ctrl+J"组合键复制出一个图层。

打开"滤镜"菜单，选择"其它"→"高反差保留"命令，这个操作用于将照片中的高反差区域保留下来，非高反差区域则被排除。

一般来说，景物边缘的线条与其他区域会有较大的差别，这就是高反差区域，这些区域会被保留下来，锐化的也正是这些区域。在"高反差保留"对话框当中拖动"半径"滑块（半径是非常重要的一个参数，一般设置为 1 ～ 2 像素时边缘的查找效果比较好），设置"半径"的值之后，单击"确定"按钮，这样就将照片当中的一些边缘查找了出来。

此时的照片呈灰度的状态，只有检测出来的一些线条，并且对这些线条进行了强化，这时只要将上方灰度图层的"混合模式"改为"叠加"，就相当于将强化的线条叠加到了原图上，从而完成了高反差锐化的处理。

局部锐化与降噪的技巧

　　大片的平面区域是没有必要进行锐化的。因为对平面区域进行锐化不仅破坏了它的平滑画质，还产生了噪点。对案例照片进行"高反差保留"锐化之后，前景的树木、天空等各区域都有了一定的锐化，这是没有必要的。因此，按住键盘上的"Alt"键，单击"创建图层蒙版"按钮，为上方的高反差保留图层创建一个黑蒙版。黑蒙版是全黑的，它会把当前图层完全遮挡住，最终显示的照片效果是没有进行锐化的。

　　在工具栏中选择"画笔工具"，设置"前景色"为白色，稍稍降低"不透明度"到 80% 左右，在建筑部分、月亮部分进行涂抹，将这两个区域涂白，从而显示出了这两个部分锐化的效果。但是，前景的树木依然保持黑色，保持被遮挡的状态。这样就显示出想要的清晰区域，显示出了它的锐化效果。

　　提示：局部锐化和降噪都可以利用蒙版来实现。大多数情况下，拍摄场景中比较明亮的部分是没有太多噪点的，比如受光源照射的部分，所以不太需要进行降噪，但是提亮背光的阴影部分之后会产生大量的噪点，所以这些部分要进行大幅度的降噪。降噪之后就可以通过蒙版进行限定，只对暗部进行降噪，亮部则不进行降噪，让画面整体得到更好的画质。

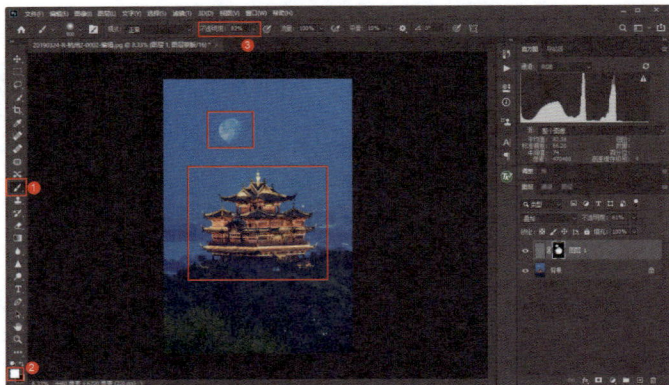

第 14 章
数码后期高级思路与经验

　　本章介绍数码照片后期处理的一些思路，这些思路主要包括两方面的内容：一是如何学习后期处理；二是后期处理的具体要求与期望达成的目标，这既是系统化的思维方式，也是极具价值的经验总结。

前期是谱曲，后期是演奏

摄影后期，实际上是与前期紧密结合的。有这样一种说法："前期是谱曲，后期是演奏。"曲子好，才可能演奏出动人的乐章。还有一种说法叫做"巧妇难为无米之炊"，从摄影的角度来说，如果前期的拍摄不够理想，照片没有很好的基础，那么即便有很好的后期处理技术，可能也无法弥补照片的缺陷，最终经过复杂的后期处理，照片效果依然不理想，这就是因为基础没有打牢。

前期拍摄，一定要拍出构图合理、有光有影、色彩相对准确的照片，那么这样后期处理才会事半功倍，并且修出的效果也比较理想。

对于这张照片，并没有进行太多的后期处理，但却非常精彩，容易打动人，主要就是因为前期的想法、构图等比较到位。

从原理学起，才有可能学会后期

很多人花费大量时间学习后期处理，依然没有真正入门，甚至学习的知识很快就会忘记，这是因为没有找到正确的学习方法和思路。对摄影后期来说，不要着急追求特别好的修片效果，而是应该先从最基本的后期处理原理开始学习，比如混色原理、直方图的基本原理等。

掌握了这些原理之后，才能真正明白后续的调整目标是什么，为什么要这样调整，这样才能真正理解和掌握后续所学的知识与技巧。

下面的案例，原图效果已经不错，但仍然要调整。为什么要调整呢？因为天空中间的区域过于偏黄，让天空显得不怎么干净。只要掌握了主色调、色不过三等基本的原理和美学规律，就知道画面要调整的是哪些影调和色彩。

掌握原理后练技术

　　掌握一些基本的摄影后期原理之后，很多人比较关心的是后期处理技术技巧的练习，从真正的难易度来说，很多人被卡在这一个环节。但实际上，这个环节反而是最简单的，就是一些软件工具的简单使用。可能大家掌握了基本原理之后，经过一些案例的学习和练习，就能掌握相关技术、工具、功能的使用。但一切的基础是掌握了相关的基本原理，只有真正理解这些工具、功能与技术的一些内在逻辑，才能够真正掌握它们的使用。

　　就如同之前的案例，根据美学原理和规律，并结合眼睛对画面色彩的直观观察，发现天空的黄色显得不够干净，再借助 ACR 的混色器、Photoshop 的调色功能等就可以快速地完成后期修片的过程，并且效果还足够好。

积累经验会很有帮助

有足够的理论知识储备，掌握了熟练的后期处理技术，之后就需要积累大量的经验。大家可能会接触到不同题材的照片，经过这些大量题材的练习，才能积累很多经验，逐步摸索出自己的一些个人后期处理风格和个人摄影风格，那么就可以做到真正掌握摄影后期的进阶内容，提高自己的摄影水平与后期处理水平。

努力提高审美

　　无论是前期拍摄，还是后期修图，有一个非常关键的词——审美，审美决定了前期与后期所能达到的一种高度。但是，审美不是一蹴而就的，有些人的审美能力是天生的，同样的场景，他拍出来的照片或他修出来的照片就好看。不过，后天可以通过大量的练习、经验的积累，以及大量欣赏好的摄影作品，甚至是绘画作品，或者听音乐、读好的文学作品，都可以提高自己的审美水平。

　　下面这张照片拍摄的是林中一片古建筑，本来色彩层次、光影效果都非常理想，很多人可能就直接盲目地拍摄，觉得光影、构图各方面都非常完美。但实际上如果经验足够，看过足够多的好的摄影作品，可能就会想到还要继续等待，等待群鸟飞过或将其他能够增加画面生机的一些元素纳入进来，那么画面就会完全不同。所以，在拍这张照片时，当一群鸽子掠过时，立即按下快门，那么画面就会显得更有活力。其实，这可以说是一种审美的体现，也可以说是一种经验的体现。

修片与合成的逻辑要通畅

下面介绍摄影后期处理的高级经验，即经过后期处理的画面要符合自然规律，画面内容之间的逻辑关系要通畅，如果不符合自然规律或逻辑关系，那么无论画面的影调、色彩、构图有多理想，给人的感觉一定是非常别扭的。

下面的最终案例图是由 3 张素材照片合成的，包括人物素材、草地素材和飞机素材。

这 3 张照片经过合成之后，得到了非常精彩的人像摄影作品。实际上，这种合成并不是简单地直接操作，而是经过了认真的思考。比如，要观察光线的方向，光线照射的方向要一致。另外，从背景素材来看，天空的云层是有一定的虚化的，并且地景也有一定的虚化模糊，如果直接将飞机贴上，那么它一定是有问题的，因为不符合景深的虚实关系，因此在合成时，对飞机也进行了虚化的处理。合成之后，再将各种素材之间的色彩和影调协调起来，可以看到，合成效果就非常完美了。

照片要"戒平"

　　因为我们拍摄的是三维立体的空间，而照片是用平面的二维空间来表现三维内容的。如果所拍摄的场景在照片中立体感不够，那么给人的感觉就不会特别好，也不耐看。因此，要通过景物之间的透视关系、光影的关系，来让拍摄的照片变得更立体，不会太平。

　　看下面这张照片，其实原片的效果也不错，无论色彩、影调还是构图都比较理想。但如果仔细观察，会发现这张照片不够立体，显得有些平，那么这样的照片就不耐看，不会让人有眼前一亮的感觉。

　　经过处理之后，制作出了光束照射的效果，对其进行了强化，可以看到，改变之后的画面显得更加立体。

为无光画面制作光效

在一些散射光场景中，本身没有较明显的影调，画面肯定会显得比较平。这时可以通过局部的强化，甚至制作光效，使画面变得立体，层次更加丰富。

比如下面这个案例，本身是一个散射光的场景，画面显得比较平淡。

后期对天空的蓝色进行了压暗，对地景的一些局部进行了提亮，还有一些局部进行了压暗。通过这种对比，模拟出带有方向性的散射光，最终画面就显得立体起来。

为有光画面整体调光效

有直射光的场景，影调层次非常丰富，但是因为天空没有云层，画面整体显得相对单调一些，并且光线的色彩比较平淡。

经过合理的后期处理，可以看到光线变为暖色调。另外，为天空添加了一些云层，最终画面的元素和内容层次就丰富起来了。

照片要"戒元素乱"

凌乱的画面给人的感觉一定不会太好，它会让人烦躁，所以在进行摄影后期处理时，一定要通过各种手段让画面变得干净起来。很多时候在前期拍摄时，无论使用多大的光圈，对背景进行什么样的虚化，有可能表现出来的最终效果依然是比较乱的。

这时就要通过合理的后期处理手段，对某些区域进行修饰，去除一些杂乱的干扰元素，压暗一些不该明亮的区域，降低一些景物的色彩饱和度，并且让干扰元素之间的明暗及色彩更加相近和协调，从而突出人物，让画面整体显得更加干净、不凌乱。

照片要"戒影调乱"

画面影调层次丰富是数码照片后期处理的基本要求,但是丰富影调层次之后,就容易导致画面变乱。比如,画面中的光源非常多,就会让影调显得散乱;画面中的局部反光非常多,会产生很多亮点,也会让画面变得杂乱。对于这种影调产生的杂乱感,一定要在后期对一些反光点、杂乱的光源点进行压暗或削弱,最终让画面中只有一个最明显的光源,画面就会变得干净、协调。

比如下面这张照片,可以看到玻璃窗上有明显的干扰线,色彩也比较乱,而背景中有明显的灯光照射,干扰也非常大,画面右侧的墙上明暗反差非常大,也会让画面显得杂乱。

后期调整时,先设定光源在画面左侧的窗外,然后沿着光线照射的方向对不同景物进行明暗处理——受光处亮、背光处暗。最终可以让整体环境显得更加协调,画面显得更加干净,而人物也显得更加突出。

照片要"戒脏"

　　接下来分析画面要"戒脏"。所谓的"脏",这里是指照片中的干扰元素太多。比如,在拍摄风光时,场景中有一些矿泉水瓶、电线杆、电线、树杈等干扰元素。对于这种情况,只要在后期借助于"污点修复画笔工具""修补工具""仿制图章工具"等,对干扰物进行修复或去掉就可以了。当然,在处理时,一定要慢,认真一些,避免大面积的修复,导致景物产生纹理不自然、失真的问题,或者出现景物表面质感变弱的问题。

　　比如下面这张照片,前景中深浅不一的雪地让画面显得不够干净。后期对前景的雪景进行了修复,处理掉了一些深色的区域,最终画面整体就显得比较干净了。

照片要"戒腻"

如果将照片的饱和度提得特别高，那么画面可能会让人眼前一亮，但如果仔细观察，就会发现照片特别不耐看，色彩失真，有非常油腻的感觉。这是因为在调整画面色彩饱和度时，将一些不该提高饱和度的区域的饱和度也进行了提高。实际上，在数码照片后期处理中，应该分区域、分景物对饱和度进行调整。一般来说，遵循这样的原则，高光区域的饱和度可以高，暗部的饱和度要低一些；重点景物的饱和度要高一些，环境元素的饱和度要低一些。

下方的照片中，人物是最重要的主体部分，草地和天空都是环境元素，其饱和度一定要降下来，如果不降下来，画面给人的感觉就非常腻。

当然这张照片比较特殊，因为对人物来说，虽然作为主体，但是如果饱和度过高，那么人物的肤色会显得特别黄，所以人物面部的肤色饱和度也不要太高。也就是说，这张照片整体饱和度都不宜太高，并且天空与地景的饱和度要格外低一些，这样画面就会变得自然起来。

避免锐化过度

对摄影作品来说，清晰锐利固然重要，但过犹不及，如果对照片的锐度提得过高，那么画面就会显得非常干涩、不自然，只有合理的清晰度和锐度，才会让画面看起来更加自然。

比如下面这个场景，原始照片清晰度非常高，但是画面显得非常干涩，缺乏柔和细腻之感，这是因为锐度提得过高。

经过处理后，画面的清晰度比较合理，并且画面整体显得比较柔和细腻，视觉效果更佳。

避免降噪过度

超长时间的曝光或超高感光度的曝光，都会让照片中产生大量的噪点，噪点会干扰画面的画质。因此，要对高噪点的画面进行降噪处理。但是降噪处理会带来新的问题，它会导致画面锐度的大幅度降低，以及质感变弱，所以在进行降噪时，也不能降噪过度。

比如下面这个场景，这是摄影师在意大利多洛米蒂山区拍摄的一张星空照片，感光度非常高，并且曝光时间也比较长，有 15 秒。

在降噪时，通过前后效果对比可以看到，经过降噪之后，虽然画面中几乎看不到噪点了，但是画面的清晰度下降得非常严重，反而是左侧经过轻微降噪之后的效果更好一些。虽然它有一定的噪点，但是它保留了画面更多的清晰度和锐度，画面更有质感。